QINHEFENGYUN   QINHECANSHI

沁河风韵系列丛书   主编｜行　龙

沁河蚕事

周　亚｜著

山西出版传媒集团　山西人民出版社

图书在版编目（CIP）数据

沁河蚕事／周亚著．—太原：山西人民出版社，
2016.5
（沁河风韵系列丛书／行龙主编）
ISBN 978 - 7 - 203 - 09607 - 8

Ⅰ.①沁… Ⅱ.①周… Ⅲ.①蚕桑生产 - 研究 - 山西
省 Ⅳ.①S88

中国版本图书馆 CIP 数据核字（2016）第 101270 号

沁河蚕事

丛书主编：行　龙
著　者：周　亚
责任编辑：王新斐

出　版　者：山西出版传媒集团·山西人民出版社
地　　址：太原市建设南路 21 号
邮　　编：030012
发行营销：0351—4922220　4955996　4956039　4922127（传真）
天猫官网：http：//sxrmcbs.tmall.com　电话：0351—4922159
E - mail：sxskcb@163.com　发行部
　　　　　sxskcb@126.com　总编室
网　　址：www.sxskcb.com

经　销　者：山西出版传媒集团·山西人民出版社
承　印　者：山西出版传媒集团·山西新华印业有限公司

开　　本：720mm×1010mm　　1/16
印　　张：10.25
字　　数：200 千字
印　　数：1 - 1600 册
版　　次：2016 年 6 月　第 1 版
印　　次：2016 年 6 月　第 1 次印刷
书　　号：ISBN 978 - 7 - 203 - 09607 - 8
定　　价：40.00 元

如有印装质量问题请与本社联系调换

风韵是那前代流传至今的风尚和韵致。

沁河是山西的一条母亲河。

沁河流域有其特有的风尚和韵致，

那悠久而深厚的历史文化传统至今依然风韵犹存。

这里是中华传统文明的孵化地，

这里是草原文化与中原文化交流的过渡带，

这里有闻名于世的北方城堡，

这里有相当丰厚的煤铁资源，

这里有山水环绕的地理环境，

这里更有那独特而深厚的历史文化风貌。

由此，我们组成"沁河风韵"学术工作坊，

由此，我们从校园和图书馆走向田野与社会，

走向风光无限、风韵犹存的沁河流域。

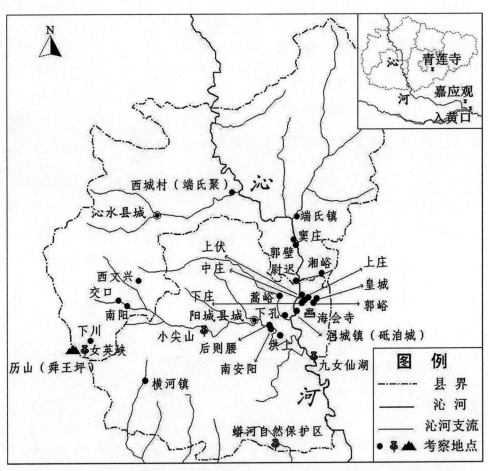

"沁河风韵学术工作坊"集体考察地点一览图(山西大学中国社会史研究中心 李嘎绘制)

三晋文化传承与保护协同创新中心

沁河风韵 学术工作坊

一个多学科融合的平台
一个众教授聚首的场域

第一场

鸣锣开张：

走向沁河流域

主讲人：行龙

中国社会史研究中心 教授

时间：2014年6月20日晚7：30
地点：山西大学中国社会史研究中心（窑洞层）

"沁河风韵学术工作坊" 海报

田野考察

会议讨论

总　序

行　龙

"沁河风韵"系列丛书就要付梓了。我作为这套丛书的作者之一，同时作为这个团队的一分子，乐意受诸位作者之托写下一点感想，权且充序，既就教于作者诸位，也就教于读者大众。

"沁河风韵"是一套31本的系列丛书，又是一个学术团队的集体成果。31本著作，一律聚焦沁河流域，涉及历史、文化、政治、经济、生态、旅游、城镇、教育、灾害、民俗、考古、方言、艺术、体育等多方面，林林总总，蔚为大观。可以说，这是迄今有关沁河流域学术研究最具规模的成果展现，也是一次集中多学科专家学者比肩而事、"协同创新"的具体实践。

说到"协同创新"，是要费一点笔墨的。带有学究式的"协同创新"概念大意是这样：协同创新是创新资源和要素的有效汇聚，通过突破创新主体间的壁垒，充分释放彼此间人才、信息、技术等创新活力而实现深度合作。用我的话来说，就是大家集中精力干一件事情。教育部2011年《高等学校创新能力提升计划》（简称"2011计划"）提出，要探索适应于不同需求的协同创新模式，营造有利于协同创新的环境和氛围。具体做法上又提出"四个面向"：面向科学前沿、面向文化传承、面向行业产业、面向区域发展。

在这样一个背景之下，2014年春天，山西大学成立了"八大协同创新中心"，其中一个是由我主持的"三晋文化传承与保护协同创新中心"。在2013年11月山西大学与晋城市人民政府签署战略合作协议的基础上，在征求校内外多位专家学者意见的基础上，我们提出了集中校内外多学科同人对沁河流域进行集体考察研究的计划，"沁河风韵学术工作坊"由此诞生。

风韵是那前代流传至今的风尚和韵致。词有流风余韵，风韵犹存。

沁河是山西境内仅次于汾河的第二条大河，也是山西的一条母亲河。沁河流域有其特有的风尚和韵致：这里是中华传统文明的孵化器；这里是草原文化与中原文化交流的过渡带；这里有闻名于世的"北方城堡"；这里有相当丰厚的煤铁资源；这里有山水环绕的地理环境；这里更有那独特而丰厚的历史文化风貌。

横穿山西中部盆地的汾河流域以晋商大院那样的符号已为世人所熟识，太行山间的沁河流域却似乎是"养在深闺人不识"。与时俱进，与日俱新，沁河流域在滚滚前行的社会大潮中也在波涛翻涌。由此，我们注目沁河流域，我们走向沁河流域。

以"学术工作坊"的形式对沁河流域进行考察和研究，是由我自以为是、擅作主张提出来的。2014年6月20日，一个周五的晚上，我在中国社会史研究中心学术报告厅作了题为"鸣锣开张：走向沁河流域"的报告。在事先张贴的海报上，我特意提醒在左上角印上两行小字"一个多学科融合的平台，一个众教授聚首的场域"，其实就是工作坊的运行模式。

"工作坊"（workshop）是一个来自西方的概念，用中国话来讲就是我们传统上的"手工业作坊"。一个多人参与的场域和过程，大家在这个场域和过程中互相对话沟通，共同思考，调查分析，也就是众人的集体研究。工作坊最可借鉴的是三个依次递进的操作模式：首先是共同分享基本资料。通过这样一个分享，大家有了共同的话题和话语可供讨论，进而凝聚共识；其次是小组提案设计。就是分专题进行讨论，参与者和专业工作者互相交流意见；最后是全体表达意见。就是大家一起讨论即将发表的成果，将个体和小组的意见提交到更大的平台上进行交流。在6月20日的报告中，"学术工作坊"的操作模式得到与会诸位学者的首肯，同时我简单介绍了为什么是"沁河流域",为什么是沁河流域中游沁水—阳城段,沁水—阳城段有什么特征等问题,既是一个"抛砖引玉",又是一个"鸣锣开张"。

在集体走进沁河流域之前,我们特别强调做足案头工作,就是希望大家首先从文献中了解和认识沁河流域,结合自己的专业特长初步确定选题,以便在下一步的田野工作中尽量做到有的放矢。为此,我们专门请校图书馆的同志将馆藏有关沁河流域的文献集中在一个小区域,意在大家"共同分享基本资料",诸位开始埋头找文献、读资料,校图书馆和各院系及研究所的资料室里,出现了工作坊同人伏案苦读和沉思的身影。我们还特意邀请对沁河流域素有研究的资深专家、文学院沁水籍教授田同旭作了题为"沁水古村落漫谈"的学术报告;邀请中国社会史研究中心阳城籍教授张俊峰作了题为"阳城古村落历史文化刍议"的报告。经过这样一个40天左右"兵马未动,粮草先行"的过程,诸位都有了一种"才下眉头,又上心头"的感觉。

2014年7月29日,正值学校放暑假的时机,也是酷暑已经来临的时节,山西大学"沁河风韵学术工作坊"一行30多人开赴晋城市,下午在参加晋城市主持的简短的学术考察活动启动仪式后,又马不停蹄地赶赴沁水县,开始了为期10余天的集体田野考察活动。

"赤日炎炎似火烧,野田禾稻半枯焦。"虽是酷暑难耐的伏天,但"沁河风韵学术工作坊"的同人还是带着如火的热情走进了沁河流域。脑子里装满了沁河流域的有关信息,迈着大步行走在风光无限的沁河流域,图书馆文献中的文字被田野考察的实情实景顿时激活,大家普遍感到这次集体田野考察的重要和必要。从沁河流域的"北方城堡"窦庄、郭壁、湘峪、皇城、郭峪、砥洎城,到富有沁河流域区域特色的普通村庄下川、南阳、尉迟、三庄、下孔、洪上、后则腰;从沁水县城、阳城县城、古侯国国都端氏城,到山水秀丽的历山风景区、人才辈出的海会寺、香火缭绕的小尖山、气势壮阔的沁河入黄处;从舜帝庙、成汤庙、关帝庙、真武庙、河神庙，到土窑洞、石屋、四合院、十三院；从植桑、养蚕、缫丝、抄纸、制铁，到习俗、传说、方言、生态、旅游、壁画、建筑、武备；沁河流域的城镇乡村，桩桩件件，几乎都成为工作坊的同人们入眼入心、切磋讨论的对象。大家忘记了炎热，忘记了疲劳，忘记了口渴，忘记了腿酸，看到的只是沁河流域的历史与现实，想到的只是沁河流域的文献与田野。我真的被大家的工作热情所感染，60多岁的张明远、上官铁梁教授一点不让年轻人，他们一天也没有掉队；沁水县沁河文化研究会的王扎根老先生，不顾年老腿疾，一路为大家讲解，一次也没有落下；女同志们各个被伏天的热火烤脱了一层皮；年轻一点的小伙子们则争着帮同伴拎东西；摄影师麻林森和戴师傅在每次考察结束时总会"姗姗来迟"，因为他们不仅有拍不完的实景，还要拖着重重的器材！多少同人吃上"藿香正气胶囊"也难逃中暑，我也不幸"中招"，最严重的是8月5日晚宿横河镇，次日起床后竟然嗓子痛得说不出话来。

何止是"日出而作，日入而息"，不停地奔走，不停地转换驻地，夜间大家仍然在进行着小组讨论和交流，似乎是生怕白天的考察收获被炎热的夏夜掠走。8月6日、7日两个晚上，从7点30分到10点多，我们又集中进行了两次带有田野考察总结性质的学术讨论会。

8月8日，满载着田野考察的收获和喜悦，"沁河风韵学术工作坊"的同人们一起回到山西大学。

10余天的田野考察既是一次集中的亲身体验，又是小组交流和"小组提案设计"的过程。为了及时推进工作进度，在山西大学新学期到来之际，8月24日，我们召开了"沁河风韵学术工作坊"选题讨论会，各位同人从不同角度对各选题进行了讨论交流，深化了对相关问题的认识，细化了具体的研究计划。我在讨论会上还就丛书的成书体例和整体风格谈了自己的想法，诸位心领神会，更加心中有数。

与此同时，相关的学术报告和分散的田野工作仍在持续进行着。为了弥补集体考察时因天气原因未能到达沁河源头的缺憾，长期关注沁河上游生态环境的上官铁梁教授及其小组专门为大家作了一场题为"沁河源头话沧桑"的学术报告。自8月27日到9月18日，我们又特意邀请三位曾被聘任为山西大学特聘教授的地方专家就沁河流域的历史文化作报告：阳城县地方志办公室主任王家胜讲"沁河流域阳城段的文化密码"；沁水县沁河文化研究会副会长王扎根讲"沁河文化研究会对沁水古村落的调查研究"；晋城市文联副主席谢红俭讲"沁河古堡和沁河文化探讨"。三位地方专家对沁河流域历史文化作了如数家珍般的讲解，他们对生于斯、长于斯、情系于斯的沁河流域的心灵体认，进一步拓宽了各选题的研究视野，同时也加深了相互之间的学术交流。

这个阶段的田野工作仍然在持续进行着，只不过由集体的考察转换为小组的或个人的考察。上官铁梁先生带领其团队先后七次对沁河流域的生态环境进行了系统考察；美术学院张明远教授带领其小组两赴沁河流域，对十座以上的庙宇壁画进行了细致考察；体育学院李金龙教授两次带领其小组到晋城市体育局、武术协会、老年体协、门球协会等单位和古城堡实地走访；政治与公共管理学院董江爱教授带领其小组到郭峪和皇城进行深度访谈；文学院卫才华教授三次带领多位学生赶去参加"太行书会"曲艺邀请赛，观看演出，实地采访鼓书艺人；历史文化学院周亚博士两次到晋城市图书馆、档案馆、博物馆搜集有关蚕桑业的资料；考古专业的年轻博士刘辉带领学生走进后则腰、东关村、韩洪村等瓷窑遗址；中国社会史研究中心人类学博士郭永平三次实地考察沁河流域民间信仰；文学院民俗学博士郭俊红三次实地考察成汤信仰；文学院方言研究教授史秀菊第一次带领学生前往沁河流域，即进行了20天的方言调查，第二次干脆将端氏镇76岁的王小能请到山西大学，进行了连续10天的语音词汇核实和民间文化语料的采集；直到2015年的11月份，摄影师麻林森还在沁河流域进行着实地实景的拍摄，如此等等，循环往复，从沁河流域到山西大学，从田野考察到文献理解，工作坊的同人们各自辛勤劳作，乐在其中。正所谓"知之者不如好之者，好之者不如乐之者"。

2015年5月初，山西人民出版社的同志开始参与"沁河风韵系列丛书"的有关讨论会，工作坊陆续邀请有关作者报告自己的写作进度，一面进行着有关书稿的学术讨论，一面逐渐完善丛书的结构和体例，完成了工作坊第三阶段"全体表达意见"的规定程序。

"沁河风韵学术工作坊"是一个集多学科专家学者于一体的学术研究团队，也是一个多学科交流融合的学术平台。按照山西大学现有的学院与研究所（中心）计，成员遍布文学院、历史文化学院、政治与公共管理学院、教育学院、体育学院、美术学院、环境与资源学院、中国社会史研究中心、城乡发展研究院、体育研究所、方言研究所等十几个单位。按照学科来计，包括文学、史学、政治、管理、教育、体育、美术、生态、旅游、民俗、方言、摄影、考古等十多个学科。有同人如此议论说，这可能是山西大学有史以来最大规模的、真正的一次学科交流与融合，应当在山西大学的校史上写上一笔。以我对山大校史的有限研究而言，这话并未言过其实。值得提到的是，工作坊同人之间的互相交流，不仅使大家取长补短，而且使青年学者的学术水平得以提升，他们就"沁河风韵"发表了重要的研究成果，甚至以此申请到国家社科基金的项目。

"沁河风韵学术工作坊"是一次文献研究与田野考察相结合的学术实践，是图书馆和校园里的知识分子走向田野与社会的一次身心体验，也可以说是我们服务社会，服务民众，脚踏实地，乐此不疲的亲尝亲试。粗略统计，自2014年7月29日"集体考察"以来，工作坊集体或分课题组对沁河流域170多个田野点进行了考察，累计有2000余人次参加了田野考察。

沁河流域那特有的风尚和韵致，那悠久而深厚的历史文化传统吸引着我们。奔腾向前的社会洪流，如火如荼的现实生活在召唤着我们。中华民族绵长的文化根基并不在我们蜗居的城市，而在那广阔无垠的城镇乡村。知识分子首先应该是文化先觉的认识者和实践者，知识的种子和花朵只有回落大地才有可能生根发芽，绚丽多彩。这就是"沁河风韵学术工作坊"同人们的一个共识，也是我们经此实践发出的心灵呼声。

"沁河风韵系列丛书"是集体合作的成果。虽然各书具体署名，"文责自负"，也难说都能达到最初设计的"兼具学术性与通俗性"的写作要求，但有一点是共同的，那就是每位作者都为此付出了艰辛的劳作，每一本书的成稿都得到了诸多方面的帮助：晋城市人民政府、沁水县人民政府、阳城县人民政府给予本次合作高度重视；我们特意聘请的六位地方专家田澍中、谢红俭、王扎根、王家胜、姚剑、乔欣，特别是王扎根和王家胜同志在田野考察和资料搜集方面提供了不厌其烦的帮助；田澍中、谢红俭、王家胜三位专家的三本著述，为本丛书增色不少；难以数计的提供口述、接受采访、填写问卷，甚至嘘寒问暖的沁河流域的单位和普通民众付出的辛劳；田同旭教授的学术指导；张俊峰、吴斗庆同志组织协调的辛勤工作；成书过程中参考引用的各位著述作者的基本工作；山西人民出版社对本丛书出版工作的大力支持，都是我们深以为谢的。

绪言：好山入户水萦回

中国是蚕桑业的发源地，早在远古时代，我们的祖先就利用野蚕茧抽丝织绸，后来又将野蚕驯化为家蚕，把野桑培育成家桑，开创了植桑养蚕业。经过长期的生产实践，我们的先辈在植桑、养蚕、缫丝、织绸、印染等领域取得了举世瞩目的成绩，其技术和产品通过陆路和水路传播到海外，为世界文明的进步做出了重要贡献。

历史上，中国的蚕桑区主要分布于长江中下游地区，以及珠江流域和黄河流域的部分地区。这一分布格局是由蚕桑本身的生命特性对气候条件的要求所决定的。首先，桑树是喜温植物，纬度或者海拔太高都不适合桑树的生长；其次，蚕虽忌湿热，但对低温同样是不能忍受的。所以，这就在空间上限定了蚕桑的分布，在纬度上宁南毋北，在海拔上宁低毋高。当然，其中也有一个"度"的问题。因为，在中国北方黄河流域的山西高原就有这么一个绵延数千年的蚕桑区——沁河流域。更难能可贵的是，这里出产的丝织品——潞绸——还被冠以皇家贡品的名号，与浙江的杭锻、四川的蜀锦并列中国三大名绸。何以雄壮的山西高原会与柔滑的绫罗绸缎扯上关系？我们还得从沁河流域的自然环境谈起。

沁河发源于山西省沁源县西北太岳山东麓的二郎神沟（一说是山西省平遥县黑城村），自北而南经安泽县、沁水县、阳城县、晋城市郊区，切穿太行山，自阳城县的拴驴泉进入济源市紫柏滩流入河南省境，又经沁阳县、博爱县、温县，于武陟县南流入黄河。沁河长485公里，流域面积13532平方公里。山西省境内长360公里，丹河、端氏河、濩泽河为其主要支流，流域面积为1.07万平方公里。上述沁河流域的蚕桑区主要集中于沁河流域山西段的古"泽州"地区，因此，本书所及也是以此为中心展开的。

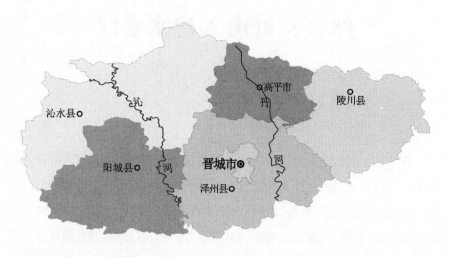

沁河流域晋城市部分

明清时期的泽州即今山西晋城地区，隔太行与河南济源相望，与北部相邻的潞州并称"上党"。有明一代，泽州为直隶州，下领泽州本州、阳城、高平、陵川、沁水五州县。清雍正初年，泽州升格为府，下辖凤台、阳城、高平、陵川、沁水五县。1914年，凤台改称晋城。今晋城市下辖1区（城区）、1市（高平市）、4县（泽州县、阳城县、沁水县、陵川县），几乎与以前没有变化，由此可以看出此地传统的延续性。

明代山西提学副使陆深曾对当时泽州一带的地理环境有过这样的概括，他说："太行山川有极佳者，大率万山中得一平旷有水处，便立州县。泽之郡县，皆在万山中，而川之大者，曰沁、曰丹、曰濩泽，咸奔赴河、济为渠，为浸灌输民田。"也就是说这一区域山环水绕，又有山间盆地贯列其中，堪称是太行山区的绝美佳境。

如果说身为南直隶松江府（即今上海）人的陆深是以"他者"的眼光来观察泽州，其感受过于宏观的话，那么生于斯长于斯的"主人"对自家景物的感怀可能就要生动得多，具体得多。已故老一辈无产阶级革命家、国内著名捻军史研究专家、山西大学教授江地先生就是沁水县中村镇人，在他晚年写的《江地回忆录》中这样描绘了家乡的山山水水：

　　我的故乡沁水县是晋东南地区一个偏僻的山区。它是四大山脉的交会处。东有太行山，西有中条山，北有太岳山，南有王屋山，因此，这里是山高林密，河谷幽深，在群山环绕之中，中间地区留下了星星点点的小块平原，全县十多万人口和上千个村庄，就错落有致地分布在这些山坡上和河谷里。因为群山环绕，所以森林相当茂密，满山遍野，到处是数人合抱不来的大树，形成一望无际的原始森林。到夜间，一阵风声吹过，这无边无际的林海便发出呜呜的声音，犹如波涛汹涌，而狼虫虎豹便出没其间，至于各种各样小型的野生动物，更是种类繁多，不可数计，这林海便是他们自由活动的乐园。在高大林木之下，还有数不清的灌木丛生，那茂密的程度，使人群很难钻进去，如果有两三万人进入这原始森林里，怕是很难找见的，它后来之成为游击战争的基地，是与这种自然地理形势有关的。凡没有森林，又没有灌木丛生的空隙之地，却又是另一番景象。那就是一望数百亩甚至上千亩的牧草，高可没人，形成天然的牧场，牛群和羊群就点缀在这牧坡上，绿的草和红的花像地毯一样，铺展在这山坡上和河谷地，组织成大自然的美景。若问故乡的森林覆盖面积比例是多少，作者当年年幼无知，无从知晓。但至今回忆起来，大约可达60%的程度，个别地区如东川、下川一带，则可达80%以上。所以，从自然生态的保持平衡来看，抗战以前的沁水可以说是相当理想的地区，而今的沁水森林覆盖率仅达28.9%，与昔日相比，可以说是难以望其项背了。

　　在我的故乡，不仅山高林密，而且河谷幽深。这就是说，在河谷地区，到处可见清清的溪流，环山绕行而过，如中村南边的涧河，就是一条长年不断的流水，其流量还相当可观，而且水质纯净，绝无污染。沁水最大的河流，是自北而南，纵贯全境而过的沁河。这就是在太行山与太岳山之间一条著名的河流。有些地方可以行船，水利灌溉之便，也还是略有一些的。由于这群峰并峙与河水绕流，使沁水成为一个山清水秀、风景宜人的地区，令人留连忘返，作者回忆当年，感到故乡之美丽，实在是超过"千里莺啼绿映红"的江南水乡的。在这里，不仅农业相当发达，而且地下资源十分丰富，煤炭和铁矿是其大宗。沁水煤田是全国闻名的大煤田，它包括了晋东南全境的几十个县区，其铁矿的开采，早在金元时期，诗人们在他们的著作里，已经写到中村、冶内一带的炉号，可见历史的悠久。

在江地先生眼中，沁水实在是一个处处绿动、时时水声的世界，它的美丽以至于超过"千里莺啼绿映红"的江南水乡。这若让江南的才子们看到，心中定要大为不快的。奈何美并无高下之分，只有情多情寡之别，江地先生之于家乡的热爱让这原本就山环水绕的沁水更加增添了几分"姿色"。

山相连，水相接。与江地先生笔下的沁水相似，太行、王屋、中条、太岳四大山系及其支脉并不受行政界线的束缚，又将阳城、泽州、晋城、陵川、高平团团围住。好在山不转水转，沁河、丹河、濩泽河、端氏河则把它们一一勾连起来，成为一个区域整体。其山水景物大体相当，只不过在盆地、山地的面积上有大有小，在森林、草地的覆盖率上有多有少罢了。但总的来说是山多地少，民生不易。然而，桑树恰恰可以在山地存活，这又是蚕桑业发展的一个有利条件。

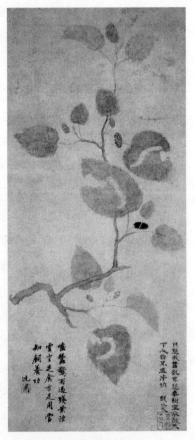

明·沈周《蚕桑图》

沁河流域不仅风光秀美，优越的气候环境也为植桑养蚕提供了基础。桑树属多年生喜光木本植物，其生长周期长，对日照、气温、无霜期和降雨量都有一定的需要。家蚕是一种弱小的昆虫，其免疫能力和抵抗能力均较差，对温度、湿度、空气等环境条件的要求更为苛刻。

在山水相连的古泽州，大部分地区属于暖温带大陆性季风气候区，仅有太行山、太岳山和中条山的局部山区相当于温带气候类型。主要表现为春季少雨，干燥多风；夏季炎热多雨，热雨不均；秋季温和凉爽，阴雨稍多；冬季寒冷寡照，雨雪稀少。由于境内山峦起伏，地形复杂，致使气温、降水等主要气候要素差异较大，从而形成多个不同类型的小气候。和江浙等南方蚕区相比，该地气候温和清爽，昼夜温差大，大气湿度相对较低，桑树在夜间呼吸作用弱，有利于桑叶养分的积累。桑叶色泽好，叶片肥厚，蛋白质含量高，水分含量适中，病虫害相对较小，是蚕生长发育的优质饲料。从降水量看，古泽州一带因为处于山西高原的东南端，即东南季风登陆山西的第一站，由此带来了比晋省他区更多的雨水，据观测，该区年平均降雨量在630—650mm之间，为植物的生长提供了前提条件。

从温度上看，位于山西高原的古泽州虽然纬度相对较低，但海拔总体较高，冬季来自北方的西伯利亚寒流不时而至，还是会带来阵阵冷意。好在其北部有太岳山脉之韩信岭等众多山岭之阻隔，使此地冬季稍显温和。而韩信岭也成为山西蚕桑业的南北分界线，民国时期山西省农矿厅编印的《蚕桑浅说》就记载："韩

民国·《蚕桑浅说》封面

信岭以南为湖桑，以北宜实生桑。此为气候使然，湖桑不耐寒冷，常见岭北有辛苦数年栽培之湖桑，屡屡因冻而枯死者甚多，岭南则无之。"应当说，这是位于韩信岭以南的古泽州蚕桑业在气候上的一个优势。

在蚕的生长过程中，生长发育的最适温度范围为20℃—30℃，最佳湿度范围为70%—90%，过高的温度以及过高的湿度是引起家蚕发病的重要原因。古泽州一带气候总体温和清爽，温度最高的7月份平均气温只有23℃，相对湿度最高的8月份其平均值也只有79.2%。在春季养蚕的5—6月份，其月平均气温分别为17.8℃和22.5℃，相对湿度为55.4%和64%；在饲养秋蚕的8—9月份，其月平均气温分别为22.6℃和17.3℃，相对湿度为79.2%和74.6%。这些气候因素完全适合家蚕的生长发育，而且养蚕季节基本上错开气温最高的月份。所以说，和南方蚕区相比，晋城地区的蚕室温度、湿度容易控制，蚕体健壮，抗病能力强，蚕病危害相对较轻。家蚕结茧环境湿度较低，蚕茧产量高，不良茧的比例低，蚕茧内在品质好。

较多的降水量和较高的气温条件对桑树的生长非常有利，而春秋两季温暖而不燥热的环境又是家蚕的最爱。在此意义上讲，古泽州地区就是蚕桑业发展的理想场所，而缫丝织绸也成为人们谋生的重要手段，正像古人所说："上党居万山之中，商贾罕至，且土瘠民贫，所产无几，其奔走什一者，独铁与绸耳。"

目　录

CONTENTS

一、蚕桑发展历千年

1. 半个蚕茧

沁河流域的蚕桑业起源于何时，恐怕很难给出一个十分准确的答案，但据史书记载，最晚在上古时期，晋国百姓的衣服已经有了经过加工的蚕丝织物和葛麻织物，说明晋地人民很早就掌握了植桑养蚕及缫丝织造的各种技术。如果再往前推，在20世纪20年代距沁河流域百里之外的运城夏县西阴村发现的史前时期的半个蚕茧，或许可以给我们一些关于晋地人民养蚕历史的确切信息。

1926年10月15日，我国第一代田野考古学家，美国哈佛大学博士李济先生踏入山西省夏县西阴村遗址，主持了一次具有开拓意义的考古发掘工作。"有趣地发现了一个半割的，丝似的半个茧壳"，这短暂的一刻成为历史的永恒，震撼世界。

李济先生在《西阴村史前的遗存》中写道："我们最有趣的一个发现是一个半割的、丝似的半个茧壳。用显微镜观察，这茧壳已经腐坏了一半，但是仍旧发光；那割的部分是极平直。清华学校生物学教授刘崇乐先生替我看过好几次。他说，他虽不敢断定这就是蚕茧，然而也没有找出什

西阴村出土的半个蚕茧

么必不是蚕茧的证据。"

李济先生后来又讲："在西阴村的彩陶文化遗址里，我个人曾经发掘出来半个人工切割下来的蚕茧。1928年，我把它带到华盛顿去检查时，证明这是家蚕的老祖先，蚕丝文化是中国发明及发展的东西，这是一件不移的事实。"

关于这个发现的最古老的蚕茧的孤证，引起了长时期的争论。1968年，日本学者布目顺郎对西阴村的这个蚕茧作了复原研究，测得原茧长1.52厘米，茧幅0.71厘米，茧壳被割去的部分约占全茧的17%，推断是桑螟茧。但另一位日本学者池田宪司却在通过多次考察后认为，这是一种家蚕茧，只是当时的家蚕进化不够，茧形还较小。1982年，我国著名蚕学家蒋猷龙研究员通过研究野蚕茧和桑螟茧的疏松程度及其交织状态，认为出土的茧子是桑蚕茧。

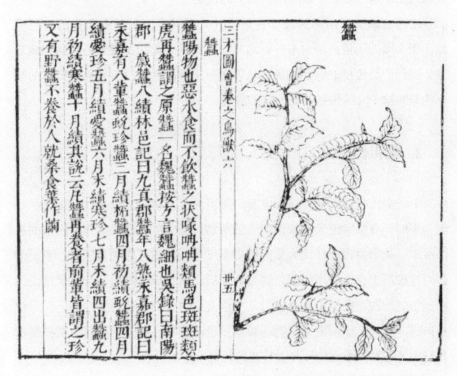

明·王圻、王思义编集《三才图会》中的"蚕"

经检测，这半个蚕茧距今已有5600—6000年，被认为是中国茧丝绸史上最为重要的实物证据。这半个蚕茧的发现证明地处黄河中游、华夏腹地的山西是栽桑养蚕的重要发祥地，同时也是世界蚕桑的发源地。

这个在华夏文明发展史上具有里程碑意义的半个人工切割的蚕茧标本，先由清华大学的考古陈列室保存，后随李济工作的变动移交至中央研究院，后又归中央博物院保管，1949年国民党退守台湾后，这半个蚕茧也一起穿过海峡，被珍藏于台北"故宫博物院"。

如今，在夏县西阴村树立着三块不同时期的西阴村遗址纪念碑。最早为夏县政府20世纪60年代初立，后为山西省政府20世纪70年代末立，第三块则是国务院在1996年11月20日公布"西阴村遗址"为第四批全国重点文物保护单位的碑石。这种变化，说明政府对"西阴村遗址"重要性的认识是一个逐步发展的过程，也标志着李济当年的发现在中华文明起源这一重大课题中的地位得到了最高国家机关的认定。

沁河流域虽在西阴村遗址百里之外，但其本身具备蚕桑业的自然基础，当文明的通道自西向东打开之时，沁河蚕桑业的发展就是水到渠成之事，民间广泛传播的嫘祖与黄帝从西阴村来到阳城传授植桑养蚕技术的故事便是对这一文明传播路径的一种解释。

2. 嫘祖传技

中华文化源远流长，其历史源头可追溯至三皇五帝生活的上古时代，因为那时没有文字记录，流传至今的所谓"历史"只是后世加工出来的神话故事，故史家曾一度认为那段历史不可考证，不可称之为信史，于是学界对这段历史有了一个称谓，就是中国历史的"传说时代"。也就是说，中国历史的渊源根植于传说叙事。中国文化当中的各种溯源性表达便纷纷指向这一时代。中国蚕文化的起源当然也不例外。在沁河流域，蚕神嫘祖与轩辕黄帝共同来此传授养蚕技艺的传说一直流传着。

嫘祖，又称累祖，或雷祖，为黄帝元妃，也是传说中教民养蚕缫丝的始祖。南宋时期的《路史·后纪》记载：黄帝"元妃西陵氏，曰傫祖……帝之南游，西陵氏殒，于道式祀于行。以其蚕故，又祀先蚕。"那么，西陵位于何处？目前学界对此观点众多，争论颇大。其中，湖北有四地：宜昌、远安、黄冈、浠水，四川有三地：盐亭、茂县、乐山，河南有三地：开封、荥阳、西平，还有山西的夏县、山东的费县和浙江的杭州等地。其实，争夺历史人物籍贯的做法早已不鲜见，上述各地都想作为蚕神嫘祖的故乡，提高地方知名度，为当地经济社会发展带来实惠。其共同点是都曾经或者仍然是蚕桑养殖要地，都流传着嫘祖先蚕的历史传说。沁河流域的嫘祖传说则要从山西夏县的西阴村讲起。

战国铜器上的采桑图

话说嫘祖西陵氏虽贵为黄帝元妃，但并非后世皇宫中深居简出的帝妃形象，而是一个如同男子一般身高腿长，腰宽膀圆，手粗脚大，眉浓嘴阔，与黄帝一道走南闯北，战天斗地的巾帼英雄。一天，她来到一个叫西阴的小村庄，这里桑海茫茫，每当太阳升起，桑林的树荫竟能遮住村庄，西阴一名便由此而来。嫘祖到桑林散步，忽感困乏，便在树下休息。朦胧中她听到沙沙的响声，还以为是下雨，睁开眼睛却是晴空万里，她仔细观察，才发现原来是很多虫子吃桑叶发出的声音。嫘祖觉得奇怪，便让侍女把虫带回住所养起来。一天，嫘祖看虫时随手把杯子放到旁边，侍女倒水时惊讶地发现杯中有一个白色的"果实"，就连忙去捞。说也奇怪，竟然捞出一缕又细又长的丝线来，而且越拉越长。嫘祖见状，吩咐侍女将家中和树上的这些小小的白果实收集起来，然后放在陶罐内浸泡抽丝，并根据织葛经验把它织成衣料，做了一件大袍献给黄帝。黄帝穿着舒适轻柔的丝织袍，情不自禁地赞叹道："这真是上天赐给我们的神虫啊！"天赐之虫，是为"蚕"。因为蚕吐丝把自己"缠"起来，嫘祖就以"缠"（chan）为其音，后来就慢慢演化为今天"蚕"（can）的发音[1]。蚕吃桑叶使桑树"丧"失其身，"桑"的名称便由此而来。为了让天下的老百姓都能穿上这种衣服，黄帝让嫘祖将养蚕和织造的技术传播开来。

一日，黄帝与嫘祖从西阴村一路向东来到濩泽（今阳城县）析城山西部一个山沟，沟内有三个村庄，中间的叫人参垎，南北各有一个村庄。山沟被大山包围，山上则长满桑树，只惜民众不识桑树，更不知蚕茧之利。嫘祖见状，便开始教授先民识桑树、种桑树、摘蚕茧、养蚕姑、座蚕种、抽生丝、染丝线、织丝绸。百姓学会了本事，穿上了新衣，就像换了模样，常常引来外人的好奇。植桑养蚕的技术也很快传到了周边区域。在春蚕结束抽丝的一天，赤日炎

蚕神嫘祖（阳城县孤堆底村）

---

[1] 实际上，在今天沁河流域的阳城、沁水、泽州、高平一带，"蚕"和"缠"的读音始终是不分的。若单从音韵的角度解释，二者的渊源毋庸置疑。

炎、晴空万里，嫘祖正向一群男女演示着如何着色染丝。忽然天气骤变、狂风暴作、乌云密布、大雨倾盆，将丝线吹打得七零八乱。嫘祖和学员不顾暴风骤雨，跑上跑下收拾残丝剩线。虽然尽力捡拾，但仍有许多被刮到岩壁之上。雨过天晴，人们发现刮挂在岩壁上的彩色丝线已经牢牢地镶嵌在壁石上，绚丽夺目，五彩缤纷，岩壁也成了花石头。为了纪念嫘

嫘祖像（高平市吉利尔丝织公司）

祖教民养蚕的功德，人们将此山沟叫作"花石沟"，人参崂北边的村庄叫上花石沟（现属阳城县境），人参崂南边的村庄叫下花石沟（现属垣曲县境）。

黄帝和嫘祖穿过析城山继续往东，又来到今天阳城县河北镇的天岭山巅。放眼望去，山上山下遍地桑林，红得发紫的桑葚挂满了树梢，不远处的东南方向则有村庄坐落，几缕炊烟正随风轻舞。黄帝和嫘祖决定就在这里教化民众。

村庄名叫南掌凹，因地处山间，四周皆山而得名。这里的先民原来只知桑葚甜美可口，却不知蚕茧可以抽丝做衣。他们听说嫘祖传授养蚕和织造技术，便纷纷从四面八方赶来。为了让百姓掌握技艺，黄帝和嫘祖便在天岭山腰的山洞中居住下来。黄帝春天教民播谷种菜，秋季教民收谷收菜；嫘祖春天教民养蚕抽丝，冬天教民织绸制衣。附近的居民听说有此好事，一传十，十传百，都来向黄帝和嫘祖学习播种、养蚕和制衣。这一技艺逐渐从析城山传播至整个沁河流域。人们的生活也开始由游牧状态发展为定居模式，生活水平得到了极大的提升。为了纪念嫘祖的恩德，民众就在山洞中塑起了嫘祖的神像，并奉之为"蚕神"。每年农历三月初三，也就是嫘祖生日的这一天，方圆百里的蚕农都来此洞祭祀蚕神，以谢恩泽，祈求保佑。后来，又在蚕神嫘祖的右边塑了地桑神，左边塑了天蚕神，三者合称为"三蚕圣母"，百姓称此洞为"南海蚕姑仙洞"。至今，在洞旁还有一个叫"三女庄"的遗址，传说是当年向嫘祖学习的人群中的姑娘、媳妇、婆婆三个层级的女人所居住的地方。这也从另一个侧面说明，女性养蚕纺织的家庭分工在远古时期就已形成。

3. 古史流变

前文说到，早在上古时期晋国人民穿的衣服中便有了蚕丝织物和葛麻织物，说明人们已经掌握了植桑养蚕及缫丝织造的技术。到了西汉时期，泽州农户缫丝织帛已是非常普遍的事情。隋唐时代，泽潞地区的蚕

三蚕圣母塑像（阳城县蟒河村黄龙庙）

桑丝织业得到了进一步的发展。《隋书》记载："长平、上党，人多重农桑，性尤朴直，盖少轻诈。""农桑"与性格"朴直"放在一起来说，表明它已然成为泽潞地区的地理标志，具有区域的象征意义。唐代是我国蚕桑业发展的一个重要阶段，丝织产区扩大，织造技术进一步提高，泽潞地区的蚕桑丝织业在这时也进入了一个新的时代。

唐玄宗李隆基画像（明代）

唐中宗景龙二年（708）四月，李隆基以临淄王的封爵和卫尉少卿的四品官职兼任潞州别驾，第一次来到潞州大地，直至景龙四年（710）十月卸任返回京师长安，并于先天元年（712）即帝位，史称"唐玄宗"或"唐明皇"。李隆基前后在潞州治政近三年，期间他多方延揽人才，收取民心，显示了杰出的政治才能，史载"有德政，善僚属，礼士大夫，爱百姓"，可以说是颇有政绩的。李隆基以其在潞州的理政经验为重要基础，开创

唐代诗人杜甫

了大唐的"开元盛世"，造就了李氏王朝的空前繁荣。对此，诗人杜甫在《忆昔》中描绘了当时天下大治、富强安定的盛世图景：

> 忆昔开元全盛日，小邑犹藏万家室。
> 稻米流脂粟米白，公私仓廪俱丰实。
> 九州道路无豺虎，远行不劳吉日出。
> 齐纨鲁缟车班班，男耕女桑不相失。

从诗文中可以看出，男耕女桑是当时一种普遍的社会分工，是唐代经济社会繁荣发展的重要基础，这也从侧面反映了唐代蚕桑业的发展盛况。具体到潞州的蚕桑业，我们可以从唐代著名诗人李贺的诗中看出端倪。

李贺（791—817），字长吉，河南福昌（今河南洛阳宜阳县）人，是唐宗室郑王李亮后裔，有"诗鬼"之称。李贺虽是王室后裔，但家族早已衰落，仕途上也很不得志。李贺的好友张彻曾在潞州做幕僚，李贺前来投靠，就在潞州住了下来。但是在潞州的三年多时间里，李贺的官运仍不通

达,无奈又回到了河南老家,不久便离开人世,享年27虚岁,可谓天妒英才。据考证,在李贺留下的230多首诗中,有30多首是他在潞州生活时创作的,其中一首《染丝上春机》就是对唐代潞州丝织技术、丝织品及其当地社会生活的描述。

> 玉罂泣水桐花井,蒨丝沉水如云影。
> 美人懒态燕脂愁,春梭抛掷鸣高楼。
> 彩线结茸背复叠,白袷玉郎寄桃叶。
> 为君挑鸾作腰绶,愿君处处宜春酒。

诗中前四句十分形象地描绘了家庭纺织从浸丝到染丝,从上机纺织到绣花的全过程。少女用陶制的玉罂从井中提水,再将蒨草和蚕丝放入其中,使其染色。纤柔的丝缕在玉罂中飘来飘去,宛若云影一般。浸涤之后,少女便静坐高楼开始纺织,牵动丝缕的梭子飞来飞去,伴着有节奏的脚踏之声,一个动作重复千万遍,再美的少女也很难露出笑颜。诗的后四句描写了丝织品在社会生活中的运用:穿着白色圆领衣服的阔家子弟买来绣花的丝织品赠给心中的爱人;为人妻妾者也买来绸帛,亲手绣上鸾凤,制成腰带,送给男子佩戴。丝织品作为一种情物在上层社会的男女之间流动,显示了它的珍贵和品质。进一步说,普通百姓只是丝绸的创造者,而不

唐代诗人李贺

是使用者。就像宋人张俞所谓：

> 昨日入城市，
> 归来泪满巾。
> 遍身罗绮者，
> 不是养蚕人。

中国古代丝绸的稀缺性和其饱含的大量人工投入决定了它的价值高下和流通领域。

丝织品在上层社会中广泛流动，作为王公贵族当然也不能例外。话说李隆基在任潞州别驾期间就非常喜欢当地出产的丝织品，开元十一年（723）正月，李隆基以皇帝身份巡幸潞州，路过高平时，当地百姓以丝绸进献。回京后，李隆基又大量采购高平的绸缎，并且赐名"潞绸"作为宫廷贡品。此虽为民间传说，不得考证，但唐代泽潞地区蚕桑业的兴盛应是不争的事实。在今天的晋城市博物馆内，收藏有一件当地出土的唐代六足青铜蚕，其通长4.7厘米，头部微微抬起，视线指向右前方，好像一边观察一边前行，体态十分优美。其用途尚不明确，但至少

青铜六足蚕（晋城市博物馆藏）

说明植桑养蚕在当时已是人们重要的生计来源，蚕在人们心中有很高的地位。

到了宋代，泽潞地区民间的蚕丝生产和织帛生产开始有了分工，已有养蚕缫丝的农户把蚕丝卖给专门的"织帛之家"，即机户。养蚕和织帛的分工，使蚕丝业的专业化水平进一步提升，也同样提升了生产效率。现存于高平市开化寺内的北宋壁画《观织图》是最早记录泽州地区纺织场景的图像资料，该壁画描述了善事太子带领官员骑马观看民间妇女丝织的场景。仅从壁画虽不能判断其是否为专门的"织帛之家"，但它所透露的制造技术和官民关系等信息是极为宝贵的：《观织图》描绘了妇女纺线、织布的场景，所用的织机为单综双蹑立式织机，这与流传至今的元代山西万荣人薛景石所著《梓人遗制》的记载不谋而合，真实反映了宋元时期泽州地区纺织机具的发展历程；善事太子率领诸官观看民间妇女纺织的场景则反映了官方对民间纺织业的重视，一方面纺织业作为家庭经济的重要支柱，善事太子的察访体现了官方对百姓生

高平开化寺壁画《观织图》

活的体恤和关心；另一方面纺织品作为国计民生的必需品影响重大，官方的察访也可能带有在产品质量上的监管之意。总之，《观织图》作为记述历史信息的图像载体，从另一个侧面反映了北宋泽州地区的丝织情形，为全面探讨北宋纺织业提供了佐证。

明太祖朱元璋画像

明清时期是我国丝织业最为发达的时期，民间和官方的织造在这一时期都得到了前所未有的发展。泽潞地区的丝织业同样获得快速的发展，并成为全国丝绸的主要产地之一。

明朝定鼎之后，太祖朱元璋把植桑养蚕作为发展经济的重要措施在全国广泛推行。他命令农民凡有田地在五亩至十亩之间的，须栽桑、麻、木棉各半亩，田地达到十亩以上的应加倍种植，田亩多的农民要以种植这些经济作物为义务，并派官员予以监督。对此惰于执行的人则会受到惩罚，其中不种桑树的人须出绢一匹，不种麻的人须出麻布一匹，不种木棉的人须出棉布一匹。可以说，洪武皇帝的桑麻政策是一种自上而下的强制措施，不执行者就会受到惩处，这在客观上必然会推动蚕桑业的发展。洪武二十八年（1395），朱元璋又专门针对山东、山西、河南农民下令，自洪武二十六年以后，凡是栽种桑树、枣树和果树的农民，不论数量多寡，俱不起科。与前一政策相比，这一措施从强制性转向激励性，更大程度上调动了农民的积极性，对扩大经济作物的种植面积，进一步发展手工业奠定了坚实的原料基础。

　　朱元璋的经济措施虽是从朝廷税收的本位出发，但在发展家庭手工业，增加收入方面给农民带来了确切的实惠。正因为此，朱元璋在民间备受推崇，位于高平市西南部的大周村现存有"皇帝万岁"石碑一通，时人把他与上古时期的大贤尧、舜、禹等圣王并列祭祀，足见其地位之高。另外，在高平市东城街道秦庄村玉皇庙内保存有一通明万历二十年（1592）的《重修仙姑土地神像记》碑刻，同样表达了对明太祖朱元璋的感念，其曰："粤稽我太祖高皇帝……必有功于民物者，始神焉。吾邑东北隅秦庄村，旧有玉皇庙廒在曰仙姑，左右不尊，右曰土地。一堂二殿，原各二楹，因倾地重修焉，盖改作神像。……盖仙姑司蚕事，土地奠民□相宜修攀，而亦足以仰副太祖高皇帝有仙民□意也。"

　　如果说朱元璋的经济政策影响了整个中国，那么他的二十一子沈王朱模就藩于潞州，则把泽潞地区的蚕桑丝织业推向了新的高峰。朱模于洪武二十四年（1391）封王，因当时年龄尚小，直到永乐六年（1408）才到潞就藩。话说朱模十分孝顺，为了表达对父亲的尊崇，朱模一边组织本地机户，一边从江南等地征集了数千机户来到潞州，专门为皇家织造丝绸。由于江南等地先进织造技术的引进，使潞绸的品质更上了一个台阶，其作为皇室贡品，也代表了明清山西乃至全国纺织技术的较高水平。

　　需要指出的是，虽然泽潞地区已是当时北方唯一的织造中心，但其生产还不能与江南地区的专业化工场生产相比，而是介于专业工场生产和民间分散生产之间。早在洪武年间，明政府就在山西设立了织染局，后来又在太原、平阳二府，及泽、潞二州设立织造局，负责丝绸的生产、管理、调剂、运输、上贡等事宜。但泽潞地区本地的丝绸机户一般都不是集中在工场生产，而是分布于长治、高平、潞州三个州县，机户也并不赴府当班，而是在当地分造，再由当地政府派员解送入京，向工部交纳；外来的机户，一般要在潞州卫的军事监管下实行"住坐"纺织，每月至少有10天的集中生产时间。

由于泽潞机户散于民间分头织造，故而在劳动时间的分配上要比轮班匠和住坐匠有较多的自由，他们在完成上供的丝织品外，还有条件从事家庭纺织。如此，潞绸生产就由上供范畴扩大到了商品生产的范畴。而随着市场的青睐，商品生产的比例越来越大，上供的部分则逐渐退居次要地位。到了嘉靖、万历时期，潞绸的生产达到高峰，成为全国的畅销产品，以致"士庶皆得为衣"，潞绸作为普通百姓的饰品，充分融入到了民间。

表1：明代前期泽潞地区官派生丝及本地桑树数目一览表

年代	生丝（斤）		桑树数目（株）	
	泽州	潞州	泽州	潞州
洪武二十四年	872.24	330.193	135908	84514
永乐十年	1539.77		210166	
成化八年	1814.81		287313	
弘治五年		362.73		90415

我们从表1历年官方向地方分派的生丝纳贡数目和当地的桑树数目中便可看出这一时期泽潞地区丝织业的发展情况。

从上表可以看出，自明初到弘治年间，泽潞地区向政府交纳的生丝赋额数目在不断增长，这一点在泽州地区表现得最为明显。该地区所交纳生丝在洪武二十四年（1391）为872.24斤，永乐十年（1412）已经达到1539.77斤，21年间增长了76.5%，再到成化八年（1472）更达1814.81斤，比洪武年间增长1.08倍。如果我们再对这一阶段泽州地区的桑树发展做一个分析，就会看到生丝赋额如此增长的逻辑所在。在上述三个时间节点上，泽州地区的桑树数目分别是135908株、210166株和287313株，永乐和成化时期分别比洪武时期增长54.64%和111.4%。通过下图便可清楚地看出二者的正相关关系。

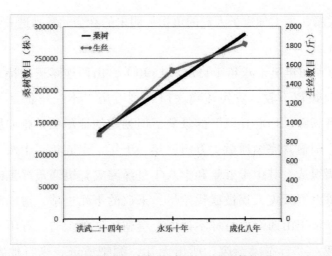

明代前期泽州地区桑树和生丝发展趋势图

如果对这一时期泽潞地区的蚕桑业进行横向对比的话，从表1中的数据可以明显地看出，泽州地区在桑树种植和交纳生丝方面，数量都远远超过了潞州地区。当时，泽州大地呈现出"桑树遍野成行成塄，家家养蚕，户户缫丝"的喜人景象。就像明代沁水大才子常伦在其《沁水道中》所写的：

处处人家蚕丝忙，盈盈秦女把新桑。

黄金未遂秋卿意，骏马骄嘶官道旁。

当常伦辞官回家，一踏上家乡的土地，只见春光明媚，家家忙于蚕丝；山野田陇，到处新桑满枝；盈盈村女，把枝采桑填筐，好一派生机勃勃的景象。他巧妙地改造了秋胡引诱采桑女的情节，以秋胡自喻，表示出对功名富贵的不屑；纵然有朝廷征聘使臣骑着骏马在官道旁等候，仍置之不理，整个人儿都陶醉于家乡的山水之间。

从明代初年到弘治年间，泽潞地区的蚕桑业呈现了良好的发展势头，但嘉靖以后，蚕桑业衰败的迹象开始显现出来。一方面是因为天灾的频繁出现，使桑树数量下降；另一方面，或者说更重要的是政府的课税不减反增，大大加重了人们的负担，明末的社会动乱则进一步加剧了它的衰落。

万历十四年至十八年（1586—1590），山西连年遭受特大旱灾，潞安等地颗粒不收，灾民流离失所，到万历二十一年仍是"村落成墟，极目蒿蒿，伤心丘陇"的景象，但朝廷的征赋仍是急如星火，逃者见返，则逼其完纳逋赋。万历三年、十年、十五年、十八年曾四次加派潞绸织造，其中十五年和十八年是泽潞灾荒饥馑最严重的时期，此时桑树也因天灾人祸被砍伐殆尽，未砍的不死也枯，造成潞绸原料断绝，以至于山西巡抚吕坤不得不上奏朝廷请停织造。万历《潞安府志》记载："近蚕桑渐废，所出无几，绸帛所资，来自他方，远及川、湖之地。"

由于潞绸为官办经济，其织造的潞绸主要是为皇家服务，这就为官府衙门对织户收取苛捐杂税创造了条件，其结果是：催绸有费，验绸有费，纳绸有费，所得些许，尽入狡役之腹，化为乌有。好在除官差外，自己尚可将所产潞绸作为商品向市场出售，以此弥补损失，这样

明代山西巡抚吕坤

还可使织户勉强维持。但到了万历年间，机户的坐派越来越严重，官方收购丝绸的价格却一降再降，这样就使机户大量减少，潞绸本身也走向衰退。正如吕坤在《停止砂锅潞绸疏》所云："卷查万历三年坐派山西黄绸二千八百四十匹，用银一万九千三百三十四两；十年坐派黄绸四千七百三十匹，用银二万四千六百七十余两；十五年坐派黄绸二千四百三十匹，用银一万二千余两；十八年坐派黄绸五千匹，用银二万八千六十两……夫潞州之有绸也，非一年矣。祖宗时未尝坐派，陛下即位以来坐派四次，计工费银八万三千有奇矣。"对此不断增高的摊派，曾任吏部左给事中的泽州人张养蒙率同众官力争减轻民众负担，惜无果而返。但如此繁重的任务已非一织造局所能完成，故当时采取"领织"的办法，即把任务分摊给民间机户，到期收解。然而，明朝政府规定的收解价格远低于潞绸的实际价值，这就使织户深受其害。万历《潞安府志》载："潞绸价值二两五钱者，仅发价八钱，曾不足以当来人之一食，验收转解，无异税银之烦。"这样一来，价格与价值的巨大背离把机户逼到了死亡的边缘。清人对此有清醒的认识，顺治《高平县志》载："邑原无奇货，丝绸粗有，独煤炭甲于天下。论曰：语云'物竭于所产'，言取用之无继也。泫制狭而土瘠，别无珍异，独是皇绸互市，丝绢之累已成民患。年输岁给，未有底止。环观杼轴，十且九空矣。呜呼！翠以羽毙，烛以膏□，西人之子独非民耶？"可见苛政对潞绸业摧残之深。

明末清初，烽火四起，泽潞地区的丝织业遭受了极大的破坏，织机被毁，机户逃亡，官方规定的贡绸数目也从千疋降至二三百疋。乾隆《高平县志》载："明季高平、长治、潞州卫三处共有绸机一万三千余张……顺治四年为始，每岁派造绸三千疋。彼时查机，两县止有一千八百张，潞州卫全无。价银仍与明同，机户不能支，在部堂陈诉苦累。又加工值银五两零，共足银十两之数。六年，遭姜瓖之乱，机张烧毁，工匠杀掳，所余无机。两县机户复控吁。按台刘公嗣美，九年三月具题部议，减造一千五百二十疋零四丈八尺，每岁止造一千四百七十九疋零二丈，每疋又加银三两，前后共足银一十三两。十五年八月，工部议复减造一千一百七十九疋零二丈，每岁止造三百疋……"在此背景下，清廷又重新收罗了一些名列匠籍的机户进行织造，但本地原料短缺，外购原料成本加大，以致赔累加剧。乾隆《潞安府志》记载：制造令一下，比户惊慌，本地无丝可买，远走江浙买办湖丝。打线染丝，改机挑花，雇工募将，其难其慎，既惧浆粉，复恐溃溅。……南北奔驰，经年累月，饥弗得食，劳弗得息，地不能种，口不能糊，咸为此也。如此的狂征暴敛，使得"机户赔累，荡产破家"。顺治十七年（1660），潞州机户爆发了一场大罢工，他们"焚烧绸机，辞行碎牌，痛哭奔逃，携其赔累账簿，欲赴京陈告，艰于路费，中道而阻"。这次"焚机罢工"事件，迫使清廷取消了当年的派造命令。罢工事件之后，潞绸的造派依旧，但却从整体上衰败下来，每况愈下，表2所列清代潞绸历年岁贡数额的变化就是明证，直至光绪八年经山西巡抚张之洞专折奏请，潞绸终停额供之例。

表2：清代潞绸岁贡数额的变化

年代	岁贡数额
顺治四年	3000疋
顺治八年	1479疋
顺治十五年	300疋
康熙初年	300疋
康熙六年	大潞绸200疋，小潞绸400疋
康熙十七年到乾隆十年	大潞绸100疋，小潞绸300疋
乾隆中叶后	大潞绸30疋，小潞绸50疋
乾隆中叶后未几	大潞绸100疋，小潞绸300疋
嘉庆十一年到十四年	暂停
嘉庆十五年	大潞绸30疋，小潞绸50疋
光绪初年	大潞绸4疋，小潞绸4疋

就泽潞地区内部而言，潞绸所呈现出的"泽强潞弱"局面一直延续到清末，并有不断加剧的趋势。正如张之洞所言："潞绸并不出于潞安，潞民但能养蚕不习机杼，向在泽州，织办或雇泽匠到潞织办，或寄丝至豫省织办。"换句话说，潞绸虽以"潞"为名，其本质来源

却在近邻的泽州，这在清代的多数时间里应该是不争的事实。而在清代潞绸整体没落的大趋势下，泽州地区的蚕桑业尚能勉强维持，且有所反复。现存于高平市口则村关帝庙内的一通咸丰六年（1856）的《口则村禁约碑》较为具体地记录了该地嘉庆至咸丰年间蚕桑业的变迁轨迹，碑文曰：

> 尝思《书》云："五亩之宅，树之以桑"，欲以使家给人足，各遂其生而然也。桑之利益亦诚大矣。忆嘉庆年间，古风犹存，吾乡各户种桑养蚕，以获微利。至道光年间，乱行采取，全无禁忌，竟至无而为有，有者反无。故无人培植，桑根几欲绝矣。吾处山脊薄田，获利无几，庶民困穷，实不可言。因是集众公议，禁止牛羊伤损树木，男女采窃枝叶；再于间隙之地，广栽树木。不数年间，树木森茂，利莫大焉。庶国稞（课）有出，民生得遂矣。此乃天地自然之利，诚盛举也。当年维首七家勘守秋苗，所获工资共五千文，见斯举甚善，咸愿捐助刻石演戏之费，以垂不朽云尔。是为计。

上述史料表明，嘉庆之前高平口则村种桑养蚕仍有一定规模，民众可以从中获取微利，到了道光年间则出现了随意采伐桑树又无人培植的景象，桑树几近绝迹。但是人们认识到当地土地贫瘠，遂又恢复了桑树的种植，而且得到集众的公议。这当是清代泽潞地区蚕桑业下降趋势中的一个短期或者局部的回暖现象。光绪初年，一场被称之为"丁戊奇荒"的特大旱灾席卷北中国，给泽潞地区的丝织业带来了致命打击，即使是在丝织业相对发达的泽州地区，也未能幸免。张之洞这样描述灾后的景象："大祲以后桑植不蕃，机匠寥落，如泽州机户前约千有余家，五年前三十余家，今存米山镇刘氏一家"，其影响可见一斑。

说到清代泽潞地区的蚕桑生产，不得不提起曾任泽州府知府的浙江钱塘人朱樟。朱樟，字鹿田，一字亦纯，号慕巢。雍正十二年春，以工部屯田司员外郎命赴泽州上任。一年后即主持修纂《泽州府志》，雍正十三年中秋书成，为该志题序。朱樟为江南人士，他的故乡就是当时蚕桑业最为发达的地区，所以当他来到泽州之后，对当地的蚕桑业非常关注。而且，还不时与当地的精英士绅探讨蚕桑业的发展。雍正版《泽州府志》的《杂志》收录了朱樟《冬秀亭杂记》中的两段文字，内容全部关乎教导泽州人如何改进养蚕植桑的技术。其中说"往与阳城田侍御树滋论蚕桑事"。阳城田侍御为田六善，顺治三年进士，康熙时为御史。文中说道："泽州蚕丝之利甲于他郡。"说明在此时，泽州地区的蚕丝业已有很高的名望。

民国时期，"山西王"阎锡山在全省大力推行"六政三事"。民国六年（1917）10月，阎锡山发表"六政宣言"，成立"六政考核处"。"六政"是要兴三利、除三弊，即推行水利、蚕桑、植树、禁烟、天足、剪辫，后来又增加种棉、造林、畜牧，合称"六政三事"。蚕桑作为六政之一在全省广泛推广开来。这一时期蚕桑业的发展特点，一是在组织机构上不断健全，除在省城太原设立农桑总局外，又在县一级设立蚕桑局，制定全县蚕桑业发展规划，普及栽桑养蚕技术，特别是加强了与蚕桑业发达的东南地区太湖流域的联系，在蚕桑品种上得到了改善。二是在蚕桑业的人才培养上取得了突破和创新，近代

1930年的美国《时代》周刊封面人物阎锡山

以来西方科学知识体系和学堂制教育模式的引入打破了中国传统社会口耳相传的植桑养蚕技术传承模式，从省城到县城建立的"女子蚕桑传习所"就是一个新的人才培养模式，这部分内容我们将在后文详论，兹不赘述。

据《中国实业志·山西省》载，在20世纪30年代初期，沁河流域的丝织业和丝线业尚有一定的规模。其中，晋城县始建于清朝末年的兴顺合每年的用丝量达400斤，生产的乌绫、汗巾、手帕、腿带，年产值2000余元；高平县的丝织厂坊最多，达13家，有职工80人，织机15架，年用丝量2500斤，生产的乌绫和绉纱近12000疋，产值15000余元，产品除供应本地外，还远销河北、陕西、甘肃等省；此外，阳城的公益机房和沁水的林盛合还生产绸和罗底，但规模都不大，多数供应本地，只有部分罗底销往陕西渭南地区。（见表3）

除了丝织业，沁河流域的晋城县和阳城县还有丝线业的经营。晋城的兴顺合、和义顺、和义隆三家作坊生产丝线，年用生丝量合计240斤，年产量165疋，产值489元；阳城县的义兴成建立时间较晚，年用生丝量80斤，生产丝线70疋，产值却高达795元，说明其品质是相当高的。（见表4）

表4：20世纪30年代初期沁河流域各县丝线业情况一览表

县别	厂坊	地址	设立时间	组织	资本额（元）	职工数	生丝用量（斤）	年产量（疋）	年产值（元）
晋城	兴顺合	南瓮城	1905	独资	230	6	100	69	204
	和义顺	南关黄华街	1909	独资	162	4	90	62	183
	和义隆	南门外	1915		112	3	50	34	102
阳城	义兴成	东关青阳街	1928	独资	130	2	80	70	795
合计	4				634	15	320	235	1284

表3：20世纪30年代初期沁河流域各县丝织业情况一览表

县别	厂坊	地址	设立时间	组织	资本额(元)	职工数	织机架数	用丝量(斤)	乌绫产量(疋)	乌绫产值(元)	汗巾产量(块)	汗巾产值(元)	手帕产量(块)	手帕产值(元)	腿带产量(副)	腿带产值(元)	绉纱产量(疋)	绉纱产值(元)	绸产量(疋)	绸产值(元)	罗底产量(疋)	罗底产值(元)
晋城	兴顺合	南瓮城	1905	独资	230	6	4	400	100	400	1600	403	50	175	5200	1040						
高平	共13家	南关	民国	不详	3000	80	15	2500	7520	9000							4450	6670				
阳城	公益机房	化原街	1923	独资	150	2	1	40											35	262		
沁水	林盛合	城内	1917	独资	400	5	1	300													300	1500
合计	16				3780	93	21	3240	7620	9400	1600	403	50	175	5200	1040	4450	6670	35	262	300	1500

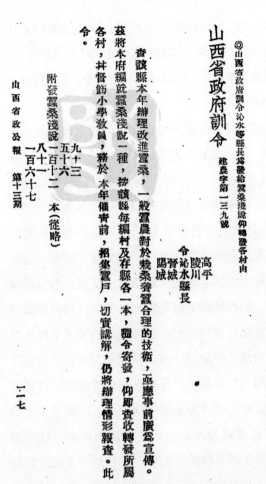

1937年3月30日山西省政府给高平等五县发放《蚕桑浅说》的训令

上述统计的手工工场只是沁河流域丝织业的一种形态，除此之外，还有很多农户从事纺织活动，所以其总体的丝织业水平还是比较客观的。据统计，高平县在抗日战争之前有织机300多台，桑树30多万株；阳城县1936年的蚕茧总产量达到90万斤。但不久之后日军的入侵使沁河流域的蚕桑业遭受了重大的打击，高平县到1945年抗战结束时织机的数量仅保留60台，只有战前的1/5。加之自然灾害的影响，如1942—1944年的特大旱灾，使许多农户的蚕种都没有保存下来。

1945年抗日战争胜利后，晋东南地区即得到了全面解放，太岳军区在中国共产党的领导下，实行土地改革政策，极大地调动了广大人民的积极性，整个国民经济得到快速的恢复和发展，蚕桑产业也焕发了勃勃生机。例如，高平县经过民主政府的帮扶、订货、贷款，到1948年9月从事丝织业的村落恢复到21个，丝织户269户，丝织从业人员747人，织机开工的达314台，打丝机67台。该县太岳区直属的公营德太和丝厂，从1946年建厂到1948年已能生产16种丝织品，质量达到战前水平。其他地区的蚕家也在政府帮扶下通过各种方式重新引进蚕种，蚕茧产量也逐步得到恢复。到1949

年，晋城、高平、阳城、陵川、沁水五县的蚕茧产量已恢复到60.3万千克。这一年，太岳行署所属的实业公司先后在高平建立纺纱厂、丝织厂，在沁水端氏建立缫丝厂，这是太岳实业公司最早的纺织丝绸企业，揭开了晋城地区"国有"丝织企业的序幕。

1949年新中国建立以后，国家经济政治形势稳定，通过土改获得土地的民众有着极大的生产积极性，加之党和政府采取了正确的农业政策，农村各项产业得到了快速的恢复和发展。在三年经济恢复时期和国民经济第一个五年计划的10年时间里，国家为支援经济建设，把发展蚕茧丝绸产业作为出口创汇的重要产业。其间党和政府采取了许多扎实有效的政策措施，养蚕农户迅速增加，蚕茧产量迅速恢复提高。1955年，江苏省选派10名蚕桑技术员来到山西，组建了山西省农业厅蚕桑队，支援山西发展蚕桑业。在他们的指导和帮助下，阳城县献义村和沁水县的端氏村开始试养家蚕一代杂交种，并取得圆满成功。到1956年，已经基本消灭了本地土蚕种，新品种的产量和质量均较当地品种超过一倍。在此意义上说，1956年是晋东南地区蚕桑业发展史上的一个革新年，具有里程碑的意义。同样是在这一年，沁水县的养蚕能手张遵莲被评为全国劳动模范，出席了全国劳动模范大会；沁水县的丝织厂也建成投产，主要生产真丝被面、软缎被面、织锦被面、赛锦被面等。由于新品种的普遍推广，1957年晋城六县的蚕茧产量就达到了116.2万千克，比新中国成立初期翻了将近一番。可以说这一时期是晋城市蚕桑产业发展相对较快的时期。

1958年到1962年，由于受"共产风"、"浮夸风"、"瞎指挥"和官僚主义的影响，群众的生产积极性遭到严重挫伤，蚕桑生产逐年下降。到1962年第二个五年计划结束时，蚕茧产量已从1957年的116.2万千克，下降到55.85万千克，下降幅度达51.9%。其间一些桑树在大炼钢铁时被毁，所以到三年调整期间，由于桑树资源的破坏，全市蚕茧产量也只维持在65万—77.5万千克之间。

在三年调整期间，一些重点公社依旧重视蚕桑产业的发展，把蚕桑业作为增加社队收入的一个重要来源。如沁水县端氏公社的地埂桑就在这一

沁水县南阳村古桑树

时期得到了很大的发展，形成了"从下往上看，座座桑树山；从上向下看，片片米粮川"的蚕桑业发展典型。为此，1965年6月8日农业部在端氏镇召开了北方八省（市）蚕桑生产现场会，重点推广端氏镇地埂栽桑，以及蚕桑不和粮棉争地的经验。《人民日报》于1965年6月25日，发表了新华社记者李秀玉、冯东书撰写的《北方栽桑养蚕的样板——沁水县端氏公社见闻记》，对沁水县端氏镇地埂栽桑进行了报道。古老的端氏因为植桑养蚕再次焕发出青春的活力，并在此后的数十年中始终是北方蚕桑业的一颗明珠。

　　1966年开始的"文化大革命"对蚕桑产业的发展造成了严重的冲击。为达到造反夺权的目的，各个地方形成了不同的派系，对行政机关正常的工作秩序造成了极大的破坏，致使各级政府及其分管下的蚕桑职能部门处于瘫痪或半瘫痪状态，不能有效地行使权力，蚕种生产、桑树育苗、新技术推广等各项工作受到严重影响。在所有制形式上，当时实行的是生产队、生产大队、人民公社"三级所有"的集体生产组织形式，其特点是"一大二公"，即所有的生产资料和生产收入全部归队、生产大队、人民公社各种核算形式的集体所有，造成各个生产单位都缺乏发展生产的积极性、主动性以及责任心。生产和组织形式上的"大锅饭"，农民及社队领导生产责任心的缺失，使蚕桑产业发展效率低下。虽然在当时也开展了桑

1965年沁水地埂桑

树栽培、桑树育苗以及桑树的改良工作，各县业务部门也做了大量的技术推广和技术指导工作，但蚕桑生产并没有得到快速的发展，反而呈现逐年下降的趋势。到1971年，晋城诸县年产茧量不足1万担（50万千克），只有44.46万千克，跌至新中国成立以来的最低点。其间，山西省政府以及晋东南行署也采取了很多行政措施来促进产业发展，在主产区发放低息贷款，划拨桑树育苗专用化肥，在70年代初还出台了奖售自行车等政策，但受"文化大革命"中所谓"以粮为纲"、"宁要社会主义的草、不要资本主义的苗"等极左思潮的影响，

蚕桑书记——孙文龙

使得蚕桑产业始终无法正常发展。所谓"以粮为纲、全面发展"其实就是单一经营，各级政府的注意力一直集中在粮食、油料等人们生活必需的主要作物的生产方面，蚕桑产业只能放在各项农业生产的"副业"位置，甚至在一些地方"副业"的位置都没有。不正常的政策导向，使蚕桑产业步入发展的低潮期。

虽然"文化大革命"期间沁河流域的蚕桑业整体处于低谷，但部分地区的蚕桑工作仍不乏亮点，例如位于沁河支流濩泽河畔的阳城县，在孙文龙的领导下，发展蚕桑产业方面就取得了令人瞩目的成绩。

孙文龙是阳城县河北镇孤堆底村人，生于1931年，1949年加入中国共产党，同年12月参加工作。历任山西省公安厅、忻县专署和山西省政府机要译电员，阳城县文敏乡乡长，寺头公社管委主任，润城公社党委

书记，阳城县副县长，革委副主任、主任等职；1975年任阳城县县委书记；1977年调任武乡县委书记；后任屯留县委书记。1982年3月因积劳成疾，病逝于任，时年51岁。因他一生魂系百姓、关注民生、重视蚕桑，在所任太行三县兴桑富民，深得群众的尊敬，人们都亲切地称他为"蚕桑书记"，被誉为"太行山上的焦裕禄"。

1949年，年仅18岁的孙文龙参军，到山西省公安厅担任机要译电员。按理说，这份省城的工作对于一个从大山深处走出来的青年人是太舒坦不过了，但孙文龙认为年轻时代就应当到基层去锻炼。1957年下放干部时，孙文龙终于等到机会，于是自告奋勇要求回到家乡阳城。

孙文龙回到阳城先是到政府当办事员，不久被任命为文敏乡乡长。此刻的孙文龙第一次站在了基层的舞台，他为民造福的雄才大略终于可以施展。为了找准方向，把准脉络，孙文龙下决心到各家各户走访调查，听听群众的声音。他把调研结果跟阳城当地的历史传统和资源禀赋相结合，认定蚕桑业应是山区人民的骨干副业。

阳城县孤堆底村的孙文龙纪念馆

1958年，孙文龙被调任寺头乡管委主任。刚刚到任，他就在公社门前种了7株桑树，并认真浇水、管理，本以为能成活5株就算不错，结果7株全部成活，这大大增加了他发展蚕桑业的信心。但如何修剪，他还是个门外汉。孙文龙找到当地一位有名的修桑土专家成兴安，请教他修剪技术，从此一发不可收拾，从修到剪，从育苗到嫁接，他们谈得热火朝天。这样，成兴安就成了孙文龙的贵客，经常在一起讨论栽桑技术。有了农业专家作为后盾，孙文龙发展蚕桑业的底气足了很多，寺头公社三年时间内由不足2000株桑树发展到31万株，由一个养蚕比例很小的公社成为1960年华北蚕桑检查团重点参观的公社之一，1989年全乡产茧量达15万千克，成为阳城县产茧最多的乡。1964年，孙文龙又被调至润城公社任党委书记，他在推广地埂种桑经验的同时，利用河滩发展了低干桑园，同时请教演礼乡献义村养蚕能手、省劳动模范王小娥传授高产技术，在提高单产上下功夫。经过他们实践，结茧比原来高出十余千克，说明增产的潜力巨大。

在寺头和润城的工作，对孙文龙来说只是小试牛刀，1966年他被调任阳城县级领导后，站在了一个更加宽广的平台。为改变山区面貌，孙文龙提出了"一抓蚕桑，二抓土，三抓棉花，四抓猪"的口号。针对其中的蚕桑业发展，又专门提出"外学云龙，近学端氏，赶超日本"的口号。为了在全县范围内普及地埂桑树化，他走遍了阳城380多个村庄；为使县级领导统一认识，他组织带领县委常委和各公社领导到沁水县端氏举办蚕桑学习班；在此基础上，提出了"户均百株桑，户养一张蚕，二年实现地埂桑树化，三年产茧翻一番"的宏伟计划。因为这种蚕桑产业发展模式不和粮棉争地，很好地解决了粮油生产和蚕桑生产的矛盾，为蚕桑产业的发展赢得了生存空间，也得到民众的广泛支持。桑树种植规模的快速上升，为蚕桑业的发展奠定了雄厚的基础。阳城县董封公社的岩山大队，在县政府的大力推动下，到1974年全村99%的地埂实现了桑树化，桑树总株树达到18万余株，全年养蚕500余张，总产蚕茧2万余千克，收入6.4万元，农民劳动的一个工分值达0.95元，成为当时农村中工分值最高的一个村，也成为当时晋东南地区蚕桑生产第一村。在孙文龙的努力下，到1977年他离开阳城时，该县80%的地埂实现了桑树化，全县种植桑树达1400万株，产茧量突破百万担大关，成为华北地区第一个蚕茧万担县，并实现了"育苗、栽桑、制种、缫丝、织绸"的系列化生产。孙文龙在这一时期蚕桑业的发展史上写下了浓墨重彩的一笔，他所留下的物质和精神遗产对后世阳城乃至晋东南地区的蚕桑业产生了深远的影响。

1978年，党的十一届三中全会召开后，改革的春风吹遍沁河大地，蚕桑业的发展迎来了新的时代。特别是在20世纪80年代初，农村实行土地联产承包责任制后，农民生产的积极性被极大地调动起来，在粮食生产完成交售公粮以及保证自身生活需要的前提下，广大民众充分利用自己承包地内的地埂桑以及零星桑树开展养蚕。制度的改变带来了生产力的发展，晋城五县的蚕茧产量迅速增长，由1977年的109.38万千克，到1985年迅速增长到205.73万千克，8年时间翻了一番。蚕桑产业成为农民增收最主要的"钱袋子"。

此时，各地开始发展桑园，改变了过去单纯依靠地埂栽桑发展蚕桑产业的模式。1980年，沁水县端氏镇的杏林村，一次性发展桑园500亩，是当时晋东南地区桑园面积最大的村，成为各地发展蚕桑产业的榜样。1982年，晋城、高平、阳城、陵川、沁水五县共发展桑园8766.2亩。桑园的快速发展，标志着蚕桑产业的发展进入一个新的阶段。

1985年，晋城市成立后，各级政府普遍重视农业产业结构的调整，加大了对蚕桑产业的扶持力度，桑园面积逐年增加，蚕茧产量不断上升。1989年，市政府针对蚕桑生产的迅速发展势头，从外贸公司把茧丝绸管理和出口经营权划分出来，成立了晋城市梅花丝绸集团公司，对蚕茧的收购、加工、销售进行统一管理。由于丝绸出口形势较好，售价较高，缫丝企业原料缺口较大，出现了蚕茧抢购浪潮，造成了"蚕茧大战"。蚕茧价格由原来的5.2—5.6元/千克，飚升到16元/千克左右。自此以后，"蚕茧大战"年年均有不同程度的发生，形成了市场好时大战，市场差时小战的局面，集体、企业、个人三方都想争夺蚕茧市场。由于体制机制等方面的原因，蚕茧收购中存在的问题一直没有得到根本解决。为维护蚕茧收购秩序，防止蚕茧外流，政府曾出动工商、税务、公安等执法部门上路查堵，但收效甚微，造成蚕农和政府部门的对立。蚕茧大战的结果是，蚕茧质量严重下降，缫丝成本大幅上涨，生丝档次下降，效益下滑，企业难以为继。蚕茧价格的大幅上涨，也调动了农民栽桑养蚕的积极性。1988年，蚕茧产量突破250万千克大关，达到261.1万千克；1995年突破300万千克大关，达到316万千克；1996年以后，受国际茧丝绸市场的影响，蚕茧价格下跌，每千克蚕茧售价只有10—12元；虽然1998、1999年蚕茧价格也一度恢复到每千克12—14元，但因比较效益下降，农民生产积极性不高，蚕桑生产进入连续7年的低潮期，到2002年晚秋茧收购价格更是跌至谷底，每千克茧售价不足8元，全市的蚕茧产量也下降到不足300万千克。

在此期间，当地政府始终没有放松对蚕桑生产的领导和扶持，强化基地建设，使蚕桑产业逐步向土地资源相对丰富的纯农业乡镇和山区乡镇集中和转移，基础得到巩固，没有出现大起大落，产业结构得到进一步优化，产业化、专业化格局得以形成。2003年后，随着国际蚕茧丝绸市场的复苏，蚕茧价格出现好转，蚕茧产量迅速上升。到2004年，蚕茧产量达到350万千克。其后，各县加大了对蚕桑产业发展的政策支持，把新桑园建设和新技术的推广逐步纳入政府的补贴范围，使贫困山区和纯农业地区的农民发展蚕桑生产有了一定的资金保障，在各项优惠政策的推动下，产业得到持续发展。2008年，由于受美国次贷危机的影响，蚕茧丝绸出口受阻，丝绸产品价格应声下跌，造成蚕茧价格持续下降，到晚秋蚕时蚕茧收购价格每千克不足10元，甚至出现了有价无市的状况，农民损失惨重。2009年后，由于国内丝绸消费能力的大幅上扬以及生产成本等因素的影响，蚕茧价格快速回升，这次危机造成的损失可以说是历次危机中最小的。随着国内消费市场的启动，人们对绿色消费、健康消费意识的增强，蚕茧这种有益于人体健康的消费品越来越受到人们的重视，所以蚕茧价格在2010年之后呈稳步上升势头。在市场行情看好的情况下，全市的蚕桑生产稳步发展，到2012年底，全市桑园面积达15万亩，地埂桑保持在1500万株左右；年发种张数10.7万张，生产蚕茧550万千克，收入达到近2亿元。

二、蚕神文化古今传

1. 蚕神信仰

历史时期沁河流域的蚕神信仰是相当普遍的，很多庙宇都把蚕神作为重要的神灵来供奉，据统计，仅高平一地历史上最少有38座蚕姑殿，但由于年代久远，大部分庙宇塌毁，神像无踪，目前可以见到的蚕姑殿仅有十余处。但是单独的蚕姑庙较为少见，目前仅在阳城县润城镇屯城村发现有蚕姑庙一座，其他均在配殿或者以陪祀的角色出现在别的庙宇当中。例如，在高平市，很多蚕姑殿就出现在玉皇庙中。

那么，蚕神是谁？从何而来？在中国民间，广泛流传着嫘祖、马头娘、蚕丛氏、天驷马、蚕姑、蚕皇、五花蚕神、菀窳妇人、寓氏公主、蚕皇老太等多种蚕神传说。然而，十里不同风，百里不同俗，蚕神传说的多样化正是区域之间蚕文化差异性的表征。在沁河流域，主要流传着蚕神嫘祖、天蚕神马头娘和地桑神桑女的传说。而且民众通常将此三者组合在一起进行祭祀，这在全国并不多见。

马头娘是人化为蚕而被封为蚕神的传说。其渊源可追溯至《山海经·海外北经》所记的"欧丝"女子，该书谓："欧丝之野在大踵东，一女子跪据树欧丝。""欧丝"就是吐丝，这是蚕神的雏型，一开始即为女身，尚未与马相联系。《荀子·赋篇》其四《赋蚕》中有云："此夫身女好而头马首者与？"说的是蚕身柔婉而头似马。宋代的《蚕书》讲道："蚕为龙精，月直大火，则浴其种，是蚕与马同气。"在古代历法上，"大火"配卯为二月（农历），正是浴蚕种的月份；而龙为天马，马属"大火"，故称"蚕与马同气"。后人据此将蚕与马相糅合，造出人身马首的蚕马神。最早记其事者，据称为三国吴张俨所作之《太古蚕马记》，一般学者疑为魏晋人伪作。其事具载于西晋时期的《搜神记》。宋代的《太平广记》基本继承前书故事，但对之有所增益。此二文献中所述马头娘故事发生在蜀地四川，实际上，其他省区也有蚕神庙祀马头娘。今天在沁河流域流传的马头娘的神话则讲述了蚕女化蚕成仙进入天庭，后又在灶王爷的鼓动下和黄牛神一起下凡的故事，彰显了浓厚的地域特色。

在沁河流域的阳城县东南部流传着天蚕神马头娘娘桑林安家的神话故事。桑林原是阳城县下辖的一个乡，2000年与台头乡合并为蟒河镇。相传在远古时代，有一马氏人家，父亲忠厚老实，以务农为生；母亲体弱多病，在家休养；女儿天姿美丽，心灵手巧，可谓人见人爱。家里还养有一匹白马，勤快好使，耕地、拉磨样样能干。一家人虽不大富，倒也过得安心自在。一天，母亲突然病逝，父亲为安葬妻子四处举借外债，以致家徒四壁，不得不外出挣钱，偿还债务。临走时，父亲千叮咛万嘱咐，要女儿看好门，喂好马。父亲走后，女儿日日与白马相伴，眼看一天天过去，还是没有一点父亲回家的消息。就这样，一连三年姑娘还是没有等到父亲。有一天，她走向马棚，开玩笑地对小白马说："你若能帮我把父亲找回来，我就嫁给你。"白马听了兴奋地先是一跳，接着挣断缰绳，冲出马棚，飞驰而去。历尽千辛万苦，小白马终于找到父亲。父亲一看是自己家的马，既高兴，又惊奇，他以为家里发生了什么事，马是跑来报信的，便立刻翻身上马，直奔家中。回家后，女儿告诉父亲家里一切正常，自己只是想念父亲，白马得知后便把父亲迎接回家。听了女儿这番话，父亲越发喜欢这匹通人性的小白马了。他拿来上等的饲料喂它，可是白马只是盯着食物，不肯进食，而且性情也变得暴躁起来。可一见小姑娘走过来，便又是另外一副兴奋、激动的模样，又跳又叫，神情异常。父亲见状觉得很是蹊跷，便向女儿问个究竟。女儿这才一五一十地将事情的原委交代清楚。父亲得知原委后暴怒道："哪有人嫁四条腿畜生的？"白马听了父亲的话，变得更加愤怒暴躁，不吃不喝，见人便踢。父亲不得已只好将白马杀死，然后剥下马皮，晒在院子里。女儿见小白马被杀，看到马皮更是伤心欲绝，便大哭起来。突然，雷电交加，狂风四起，马皮裹着姑娘腾空而起，转眼间便不见了踪影。父亲顺着马皮飞去的方向追去，过了很久，才在一片桑树林里找到自己的女儿，只见女儿头似马脸，身裹马皮，成了一条蠕蠕而动正在吃桑叶的虫。回到家里，他把女儿变虫吃叶的事告诉乡亲，乡亲们也都觉得奇怪便前来观看，只见马皮裹着的虫儿不时从嘴里吐出一条条金光闪闪的丝线，慢慢把自己缠起来。后来乡亲们就把这吐丝的虫叫作"蚕"，并尊称其为马头娘；把被蚕吃掉树叶而"丧"失其身的树称为"桑"树，因为这里桑树很多，就命名为"桑林"，旁边的村庄称之为桑林村。从此，天蚕神就安家在桑树上，安居在桑林村。传说阳城县现在的上桑林村、下桑林村就是当时的桑林村。

在阳城县西北乡一带还流传着牛和蚕神降临桑树湾的神奇故事。桑树湾是阳城蚕茧第一村寺头乡张家庄村的一个庄，旧时家家设有"灶君"神位，传说灶君是玉皇大帝封的"九天东厨司命灶王府君"，负责管理各家灶火，是上通下达、传递仙境与凡间信息职责的监察神，要把一个家庭一年所做的好事坏事向天庭汇报，再把天庭的奖励和惩罚带回来。一般人家，把灶君神像贴在灶房北面或东面的墙上，上书"东厨司命主"、"人间监察神"或"一家之主"，两旁贴上"上天言好事，下界保平安"的对联。灶君常年在下界监察，对民间的疾苦非常了解，那时耕作、收割、米面加工全靠人力，用的是石犁、石磨、石碾等工具，不仅笨重，而且效率低下，生产非常落后。灶君看在眼里，记在心上，一直想帮下界人们像天上的神仙一样吃美食、穿绸缎。每年的农历腊月二十三日，人们送灶君回天述职，大年初一接回来。

有一年，灶君回天述职后在一棵大树下看到一头牛，嘴

马头娘

巴一张一合空咬着。灶君想，牛儿个大力不亏，无事可做太可惜，就跟牛说："我刚从下界回来，凡界山清水秀，遍地花草茂林，飞虫走兽，鸟语花香，你看天上空荡荡的，太无聊了。"牛问灶君："下界真如你说的那样好？"灶君一心想将牛带到下界，就说："你到了凡间，饿了给你喂草料、想住给你修圈圈、想卧给你搭棚棚。"牛说："你越说越好，不是在骗我吧！那你发个誓吧！"灶君没有一点准备，一时心急，看到旁边有一堆牛粪，就说："如果骗你，就吃你的粪吧！"牛说粪怎么能吃？灶君也只好硬着头皮说："我堂堂灶君说到做到！"牛这才无话可说，但心里还有些不踏实，想找个伴好有个照应。这正中灶君心计，就说："你最好找个有翅膀的伴，将你驮着下界快捷安全。"灶君帮牛神思考分析，认为天蚕神忠厚老实还有翅膀，做伴最好。

灶君走后，牛和居住在附近的天蚕神商量，要和他一起下界。谁知天蚕神也和牛一样，怕下去受罪，牛一心要天蚕神做伴，就按灶君的计谋劝说天蚕神："你到了凡间，饿了给你撒桑叶，想睡给你铺单单，吐丝给你搭架架。"天蚕神说："不是这样怎么办？"牛神手拍胸膛说："如果不是这样，你屙下我吃！"天蚕神高兴地答应了。下界时，天蚕让天牛脚踩背部，瞬间就到了下界的桑树湾。

天牛到了凡界一看，遍地山花烂漫，绿草丰美，心想灶君说的果不其然，于是尽情地徜徉，享受着人间的一切美好。忽然，牛一不小心跌入坑内，被人捉住。为防止牛力大挣脱，人们就用铁圈将牛鼻子穿透系上绳子，训练它做各种重活，耕地、拉磨、拉碾、拉车，样样不能少。天牛想，我是来享受人间美景的，现在却被逼着去出苦力，连自由都没有了，就把灶君告上了天庭。玉皇大帝为了安抚天牛在下界帮人干活，就判灶君实现诺言"吃牛粪"。人们知道了牛和灶君的事情，就把牛粪晒干后烧火做饭，而且，只可烧牛粪，绝对不允许烧其他粪。后来，当地有了煤炭才不再烧牛粪。人们为了感谢牛的功劳，在修庙时都建有牛王殿，贴金身，接受人间香火。

再说养蚕神嫘祖娘娘到桑树湾把天蚕神请回家中，饿了把桑叶放到嘴边，想睡就给蚕姑姑铺单单，想吐丝就给蚕姑姑搭架架。做茧以后，除留优质的种茧外，其余上笼蒸馏。蚕神生气了，就把老牛告到玉皇那里说："老牛诳我到人间，九蒸九馏我受难，他说如受难，就吃我的屎。"老牛申辩说："我一年只生一个，蚕虫一年就生五百个儿子，如不蒸馏，下一代子孙太多，无叶吃要断子绝孙。"玉皇知道他们有协议，知道蒸馏使蚕受难，不蒸馏又不行，就判老牛吃蚕屎，人也可以宰牛吃肉来安慰天蚕神。天蚕神觉得和牛比起来自己的情况好一些，也算出了气，就没再说什么，便返回桑树湾一带，安下心来吐丝结茧，心甘情愿接受蒸馏磨难。从此，牛和蚕成为传统农业的典型代表，也就是我们通常说的"农桑并举"、"男耕女织"。旧时的沁河流域，几乎村村都建有大庙，庙中塑蚕神和牛神的塑像，人民定期祭祀，以表感谢并祈福。

再说蚕在驮牛下界时，因牛个大体重，在蚕身上踩了四个蹄印，其中两只前蹄踩在蚕的腹部第二节背上，称前半月形斑；两只后蹄踩在蚕的腹部第五节背上，称后半月形斑。这前后两对蹄印，犹如烙印印在蚕的腹

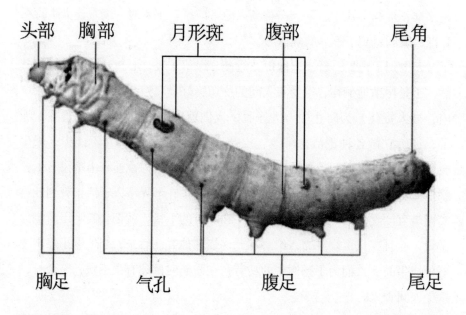

蚕的生理结构图

背，人们说这是天蚕神下降桑树湾时的铭记，同时也使这"天虫"更加与众不同。

在沁河流域的阳城一带还流传着天蚕仙姑下凡到刘善村的神奇故事。很早以前，天坛山下住着一户刘姓人家，因户主常办善事，时间长了人们就叫他刘善人。刘善人积极引导村民开垦田园、种植桑梓，村民们安居乐业，生活蒸蒸日上。附近的百姓也就把刘善人居住的村称为刘善村。刘善人的威信越来越高，连天庭的玉皇大帝都知道了。

话说赵公明助纣为虐，被姜子牙杀死后，他的三位妹妹云霄、琼霄、碧霄怀恨在心，携带金铰剪、混元斗、灭魂铃等宝贝私离天宫，寻找姜子牙报仇雪恨。她们摆下黄河阵，困住了姜子牙多员大将。姜子牙无计可施，节节败退。此事被玉帝得知，即派天兵天将把三人捉拿归案，并没收宝贝，将她们绑上了斩神台。在众神的求情下，玉帝免去了她们的死罪，将其打下凡界。下凡去哪里？玉帝忽然想起刘善人引导村民开垦田园、种植桑梓的事情，就令三人变成虫到刘善人那里，不准吃五谷，只准吃桑叶，死了推进热水锅里蒸煮抽丝，为人所用。再说姐妹三人化虫下凡，在民间了解了商纣王欺压百姓的种种罪恶，才知道哥哥助纣为虐实属罪有应得，便决心学习刘善人，一心一意将丝献给人间，为百姓做好事。因为她们来自天宫，当地人就将其称为"三仙姑"。旧时，蚕孵化出壳时

阳城县水村蚕姑塑像

阳城县曹山沟村黑虎庙蚕姑塑像

总得三天左右才能出完，人们认为第一天出的蚕是云霄大仙姑，叫大姑；第二天出的蚕是琼霄，叫二姑；第三天出的蚕是碧霄，叫小姑；把她们称为"蚕仙三姑"。为感谢天蚕仙姑的贡献，当地人们还在天坛山修了三仙姑庙，给她们塑金身，享受人间香火，保佑蚕茧年年丰收。

2. 机神信仰

纺织机是中国古代的一种影响很大的机械，也在社会经济中得到广泛的应用，江南江北，无不织之，自古至今，无不用之。沁河流域的丝织业也非常发达，从事丝织业的人们，就有相应的行业神——机神信仰。所谓机神，乃纺织机械之神、机杼之神。旧时沁河流域很多村庄都有机神庙。机神是谁？历史上曾有多种不同说法。

江南地区的苏州，就把东汉的科学家、文学家张衡奉为机神。因为他发明浑天仪、地动仪，又擅机械工艺，被奉为掌机械之"机神"，当之无愧。也有的认为机神是伯余和黄帝。伯余何许人也？《淮南子·氾论训》云："伯余之初作衣也，绞麻索缕，手经制挂，其成犹网罗。后世为机杼胜复，以便其用。"高诱注云："伯余，黄帝臣。"《世本》曰："伯余制衣裳。一曰伯余，黄帝。"黄帝，即轩辕氏，太古之时，率众战胜了蚩尤，有"蚕神"亲自把口吐之丝来奉献，以表祝贺，帝悦，就叫臣子

长治市城区北石槽村三嵕庙内的机神像

伯余织成绢子，把绢裁剪制成衣。相传黄帝发明的东西很多，制五兵、指南车、华盖、六律、六吕、九钟等，还是医学专家。这里再把纺织机械的发明者称号加于其身，也是合理的。无论是伯余还是黄帝，他们"线麻索缕，手经制挂"，纺织做衣，后来由此发展成用机杼。因此，人们奉他为机神。

杭州的机神庙所奉的神灵是一位叫褚载的河南人。相传褚载从河南迁居钱塘，始教民染织，于是杭州纺织业乃甲于天下。宋至道年间，国家就于杭州设置管理织务的衙门，此后历代如此，直到晚清，朝廷派部郎管浙江织造，亦设有衙门。人们感于褚载对杭州乃至浙江纺织业发展的功劳，便给他立祠祭祀。这一传统相沿数百年，直到清代，仍有褚姓者为庙中奉祀生，负责祭祀事宜。

那么，机神的"形象"如何？清人姚东升在《释神》中说："近见机神，白面三目，不知何典。"大概是织布对视力的要求较高，故人们创造机神三目的夸张形象来突出这一点，这可能也是受了仓颉四目的启发。

　　沁河流域与丝织业相关的行业有印染、上浆、织造等，分别祭祀轩辕黄帝、张仙翁等行业神。现存的机神庙主要集中在高平市。与蚕姑庙的形式一样，机神庙以单一庙宇出现的情况非常少，大多是以陪祀的身份出现。如前文提及的高平市东城办事处秦庄村玉皇庙，以玉皇大帝为主神，还供奉蚕神西陵氏、机神轩辕氏等。上韩庄玉皇庙与此类似，供奉包括玉皇、三蚕、轩辕在内的众多神灵。另在高平市米山镇南朱庄和南城街道张庄村也有机神庙，不同的是，张庄村是印染行业的中心，轩辕氏在这里也就成了印染业的保护神。有的碑刻中还出现"张仙翁"的名号，其身份应当是东汉的张衡。

3. 蚕神祀俗

元代《王祯农书》中的皇后先蚕礼

　　中国古代的蚕神祭祀有多重规格，其中最高规格的祭祀称之为"先蚕礼"，它是由皇后主持的最高国家祀典，可见蚕桑对于一国之重要。祭祀的时间为每年季春（阴历三月）的吉巳日，分为祭先蚕、躬桑、献茧缫丝三个部分。

　　清代陕西兴平人杨屾的著作《豳风广义》是一部劝民植桑养蚕的农书，书中对我国历代皇后祭祀蚕神的脉络进行了梳理：

　　（汉）景帝诏后亲桑，为天下先。元帝王皇

后，为太后幸茧馆，率皇后及列夫人桑。明帝时，皇后诸侯夫人蚕。魏文帝黄初中，皇后蚕于北郊，遵《周典》也。晋武帝太康中，立蚕官，皇后亲桑，依汉魏故事。宋孝武立蚕观，后亲桑，循晋礼也。北齐置蚕宫，皇后躬桑于所。后周制：皇后至蚕所桑。隋制：皇后亲桑于位。唐太宗贞观元年，皇后亲蚕。显庆元年，皇后武氏；先天二年，皇后王氏；乾元二年，皇后张氏；并见亲桑礼。玄宗开元中，命宫中饲蚕，亲自临视。宋开宝通礼郊祀录，并有后亲蚕祝辞。此历代皇后亲蚕之事。采之史编，昭然可见。

这说明在我国古代，皇后祭祀蚕神的历史最少可以追溯至两千多年前的西汉时代，且历代相沿。因为采桑养蚕为女性的家庭分工，皇后亲桑亲蚕则象征着母仪天下，为女性之表率，同样也是对天下女性的大事蚕桑的鼓励。

文献中记载明代皇后祭祀蚕神的仪式是这样的：蚕将出生之时，由钦天监选择吉日上报。顺天府的人员先准备蚕母送到北郊，工部负责办理相应器物。之后顺天府进呈蚕种并将其送至蚕室。命妇文四品、武三品以上均各带侍女一名陪祀。行礼之前，皇后斋戒三天，女官及入坛执事人等斋戒一天。太常寺人员提前一天将相应物品准备完毕，到祭先蚕当天交予管理各项事务的女官。祭祀当天，皇后身着常服出玄武门，兵卫仪仗和女乐在前导引，由北安门（今地安门）出。到先蚕坛后，皇后要在具服殿换上礼服。祭先蚕时，行三献礼，礼毕，皇后更换常服，率领内外命妇到采桑坛采桑，皇后采桑三条，三公命妇采五条，列侯九卿命妇采九条。采桑完毕，以所采桑叶去蚕室喂养蚕母。礼毕赐宴，皇后还宫。

清承明制，在蚕神祭祀上也延续了明朝的传统。乾隆九年（1744），孝贤皇后亲蚕，举行了清代第一次皇后亲蚕礼。据统计，有清一代，皇后亲祭59年（次），其余是嫔妃或官员代祭。

据《清史稿》记载，皇后主祭的先蚕礼要进行多日，先在蚕坛由皇后拜先蚕西陵氏之神位，行六肃、三跪、三拜之礼，从祀妃嫔在坛下跪拜。第二天，行躬桑礼，由专人向皇后进筐和钩，内官们扬彩旗、鸣金鼓，歌采桑辞。乐声中，皇后持筐钩由桑畦北面正中开始，东西三采，然后上观桑台，看采桑。妃嫔公主各五采，命妇九采。采下的桑叶由蚕母跪接，授蚕妇拿去养蚕。蚕结茧后，蚕母、蚕妇从中挑出上好的蚕茧献上，挑选吉日，皇后到蚕坛后的织室行治蚕礼，缫三盆，交给蚕妇，至此，全部典礼宣告结束。

民间祭祀蚕神的仪式

相比而言，民间祭祀蚕神的仪式远没有这么隆重。沁河流域一带祭祀蚕神的时间在农历大年初一和三月初三。大年初一祭拜蚕神只是当天祭拜众神中的一个分支项目。三月初三，相传是蚕神嫘祖的生日，为了让蚕神保佑养蚕平安，蚕家都要在这一天祭拜嫘祖，为蚕神过生日，民间称之为"蚕神节"。蚕神节这一天，很多蚕姑庙都有庙会，并安排有戏班子给蚕神唱戏。例如阳城县西12公里的泽城村，是古濩泽县治所在，村中有一座蚕姑祠庙，正殿神台上从右往左塑有手拿绿叶的地桑神，手持蚕姑的养蚕神，手拿丝束的天蚕神，个个惟妙惟肖。正殿南北墙壁画有育桑、培桑、采桑、孵蚕、饲蚕、上簇、采茧、育种、抽丝、织锦等系列彩画。戏台与正殿遥遥相对，每年的三月初三蚕神生日，都要给蚕神唱三天大戏，直至现在从未间断。

庙会的前几天，过节的氛围就渐渐浓了。男人们修桑出扦，准备春耕下种；女人们加工米面，准备招待客人；孩子们扳着指头期盼；店铺摊点

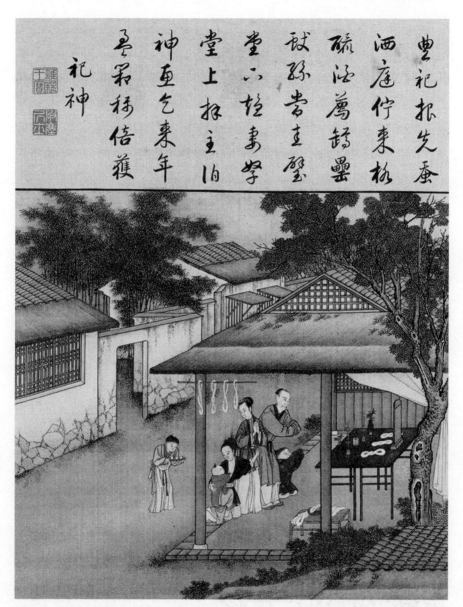

雍正《耕织图·祀神》

也陆续前来占位置；村里的社首派人把庙里打扫得干干净净，杀猪宰羊，
献供奉香磕头，求蚕神保佑全村桑茂茧丰；村里嫁出去的姑娘携全家回
来，娶回来的媳妇则把娘家的亲戚接来；抢着烧头香的人干脆睡在庙外的

广场，为的是蚕茧丰收，生活兴旺。

庙会的当天，十里八村的人从各地赶来。有的赶着牲口来叫卖；有的扛着桑杈木锹来交流；有的担着八股绳货担涌入会场；更有养蚕的媳妇和老蚕娘备香烛前来还愿祈祷，观戏逛会。街道两旁和庙前场地上，棚铺摊点紧紧相连，各种百货用品琳琅满目；更少不了摩肩接踵的人群，熙熙攘攘，有说有笑；神殿里，善男信女们在虔诚地顶礼膜拜，给蚕姑庙增添了一层神秘的色彩；再看戏台前的广场，早已是人山人海，水泄不通。一些老戏迷坐在台下看得目不转睛，还不时声声叫好；一些亲友凑在一起拉着家常，聊着聊着就成了牵线红娘。

庙会演唱的剧目大多是图养蚕吉利、家庭和睦的爱情戏，如《牛郎纱女》《白蛇传》《蝴蝶杯》《穆桂英挂帅》等等。可惜的是，1996年村貌整改时拆毁了蚕姑庙，在原址上修成了大舞台和村委办公楼。现在，每年农历三月初三传统的"蚕戏"还在上演，前来看戏赶会的四方乡邻依然络绎不绝，蚕神文化的影响得以相传。

在阳城县河北镇一带，还有一个"南海洞中拜蚕神"的习俗。传说嫘姐在河北一带教民养蚕，住在南海洞中。后人为纪念嫘祖，就在洞内塑了蚕神嫘祖、地桑神、天蚕神像，人称"三蚕圣母"。这一带的蚕农在蚕事之前备香烛、祭品（用白面蒸成茧状的面食，叫茧窝）、纸鞋等。相传嫘

清·杨屾《豳风广义》中的《谢蚕图》

祖赤脚走天下，蚕农不忍心，便给她做鞋穿，谁做得好，谁家的蚕就能养好。这一天，蚕娘和小姑三三两两来到南海洞，摆上祭品，点燃蜡烛，烧了纸鞋，顶礼膜拜，祈求丰收。出洞之后，一路鸦雀无声，直至回到蚕室，再点一炷香，顶礼膜拜后，才算把蚕神的喜气带到家，预示当年蚕茧丰收有望。据当地老人回忆，抗战前每年的三月初三，到南海洞祭拜蚕神的人络绎

喂蚕大嫂杜鹃鸟

不绝，从早晨天未亮一直延续到午饭以后。随着社会的变迁发展，这种拜蚕神的习俗逐渐消失，如今的三月初三已经变成附近村民到南海洞游洞踏青的时节。

除了三月初三的蚕神节，养蚕之家在养蚕的很多环节中都会祭拜蚕神。比如，在孵蚕前一天，蚕家就要做好供品，在蚕神像或蚕神牌位前烧香磕头，祭祀蚕神，默祈保佑蚕儿健康。在给蚕喂第一顿桑叶，也就是大眠的"投蚕"之时，蚕家要做茧窝或油炸食品，在家祭祀蚕神。

上述祭祀活动中，有一种祭祀物品很有特色，就是当地的面塑。主要包括"茧窝"、"玉蚕卧绿叶"、"蚕姑献茧"、"三蚕圣母"、"采桑蚕姑"、"蚕姑闹春"、"喂蚕大嫂鸟"等。每一种面塑都有其寓意，例如"玉蚕卧绿叶"就代表着希望本年蚕儿吃桑不发愁，长得白白胖胖；"蚕姑献茧"则是希望蚕姑保佑，能够取得蚕茧大丰收；"喂蚕大嫂鸟"则是勤劳、吉祥的象征。说到这里，关于"喂蚕大嫂"还有一个美丽的传说。

　　每到养蚕季节，无论是清朗的早晨，还是宁静的傍晚，有只神奇的鸟就会在空中飞来飞去，悠扬地叫着"喂蚕大嫂、喂蚕大嫂"，提醒喂蚕的人"采桑要早，稀稠喝饱，不要脱倒，脱倒不好……"，这只鸟就是被称之为"喂蚕大嫂"的神鸟。相传很久以前，有一个小村庄，村里有一个年轻美貌的媳妇，丈夫在外卫国戍边，她在家务农养蚕、抚养子女。她勤劳朴实又为人善良，每到养蚕季节就带领姐妹们采桑养蚕，谁家的蚕有了毛病，她都能一一根治，人们就以"喂蚕大嫂"的名字来称赞她。有一年天旱叶少，为了蚕儿不挨饿，她每天天不亮就提着篮子上山采桑叶，东山、西山，近山、远山，不知疲倦地奔波。采叶回来，就给蚕喂叶、除沙、扩座……忙得不可开交。终于，在蚕姑姑就要老的前一天，她晕倒在蚕室，当姐妹们得知后，已无回天之力。在给她举行的葬礼上，全村的养蚕姐妹都来参加，当人们离开墓地时，突然从墓中飞出一只小鸟，在人们头顶上空飞来飞去，还一边叫着"喂蚕大嫂，稀好喝饱，不要脱倒，脱倒不好……"从此以后，每到养蚕季节，这只神奇的小鸟就在蚕区的上空鸣唱着："喂蚕大嫂，稀好喝饱，采桑要早，喂蚕要好，麦黄蚕老，茧好价高……；喂蚕大嫂，稀好喝饱，等到蚕老，扯件棉袄，穿上赶会，你看多好……"当蚕儿上簇结茧，蚕事结束，这只小鸟又不知去向了。

　　其实，这只神奇的小鸟就是杜鹃，俗称布谷鸟，古人又称其为子规。宋代诗人翁卷有一首《乡村四月》："绿遍山原白满川，子规声里雨如烟。乡村四月闲人少，才了蚕桑又插田。"描写到在人间四月，春回大地，农桑繁忙，如烟的细雨好像是被子规的鸣叫唤来一样。每年的芒种时节，布谷鸟就会出现在田地的上空不停地鸣叫，仿佛在提醒人们"布谷布谷，快快播谷，快播快种，不误时钟"。这一习性正好与农时相应，也就成了喂蚕大嫂最好的化身。

　　如果养蚕的农户曾在蚕姑庙许愿，且蚕茧丰收，愿望实现的话，应按承诺还愿，以示酬神。酬神的方式有很多，请当地艺人给蚕神说书是一种独具地方特色的形式。其中，沁水鼓书《三蚕圣母》和阳城鼓书《包公夸桑》是常见的小段。沁水艺人樊家胜和郝腊正现今还在当地演出《三蚕圣母》，其鼓词如下：

太阳出来一盆花，照进东京帝王家。

正宫娘娘生太子，满朝文武戴金花。

惟有包公形体贵，他把桑花帽上插。

宋王一看心不喜，包爱卿做事理上差。

正当得了皇太子，满朝文武戴金花。

满朝文武都把金花戴，你为何把桑花往帽上插。

包公闻声往上跪，尊神我主听我说。

他们戴京（金）花做何用？你听我把桑花来夸一夸。

桑皮做纸文官用，桑木刻弓工匠拿。

蚕吃桑叶吐黄丝，冬做绫罗夏做纱。

正宫娘娘做荷包，我的主你穿的龙袍也是它。

宋王闻听龙心喜，包爱卿做事理不差。

殿前武士一声叫，用三声大炮送回南阳。

阳城鼓书中的《包公夸桑》与其内容大体相当，但又加入了一些不同的情节，内容如下：

太阳上来一盆花，照在东京帝王家。

正宫娘娘生太子，满朝文武戴金花。

南衙府来了包文正，不戴金花把桑花插。

宋王爷见了冲冲怒，喝住了南衙老包家。

你的娘娘生太子，满朝文武戴金花。

金花银花你不戴，为何头上把桑花插？

殿前武士一声叫，推出午门斩了他。

包大人一听哈哈笑，叫声我主听我说。

你只知道金花银花用处大，听我把桑花夸一夸。

桑皮造纸文官用，桑木屈弓武将拉，

桑葚造酒甜如蜜，蚕吃桑叶吐黄纱，

黄纱落到巧匠手，冬织绫罗夏织纱，

能织娘娘的龙凤衣，我主的龙袍也是它。

包大人一旁刚说罢，在一旁喜坏了帝王家。

霓裳锦衣谁不爱，却忘了桑花出自农家。

没有农人来生产，锦绣江山也要垮。

包公夸桑功劳大，三杯御酒赐过包家。

一道圣旨往下传，普天底下都把桑插。

绿茵茵桑树满山坡，蚕宝宝好似胖娃娃。

蚕吐丝，丝织纱，穿在身上赛云霞。

这就是包公夸桑书一段，留在这书场传佳话。

　　上述两段鼓词与其说是唱给蚕神听，倒不如说是唱给普通的民众听，对民众的教化意义非常明显。

鼓词利用宋代名臣包拯的身份把桑树的价值一一列举出来。包拯以其公正廉明的形象在民间广为流传，他说话办事不仅在民间有极大的威信，即使上对朝廷也向来耿直不阿，他一五一十地将桑树的各种益处摆在皇帝面前，得到皇帝认可。另一方面，这一番话也是讲给所有的民众，亦说明既然桑树有如此多的好处，就应当大力种植，发展蚕桑，发家致富。

宋代名臣包拯画像

三、盈盈沁女把新桑

1. 桑种变迁

山西是我国北方古老蚕区之一，桑树栽培历史悠久，相传周穆王曾亲临阳城桑林观赏当地人民采桑活动。桑树主要分布于沁水、阳城、泽州、陵川、高平等五县（市）。据史籍记载，北魏时代沁水县就已建立了护桑碑。隋末唐初，沁水、泽州、高平、潞安等县已广泛栽培桑树，发展养蚕织造事业。养蚕业的兴起，自始至终都与大面积植桑有着密切关系。

古人种植桑树，一般没有特别严格的要求，房前屋后、田地山间均可。沁河流域的桑树种植以地埂桑为主，就是把桑树种植在梯田地埂上。它的起源大概可以归结为三个方面的原因：一是农业生产条件逐步得到改善，山区群众开垦的荒地、坡地已基本上修筑了水平式的梯田；二是针对当地山地多、土地少的特点，可以不与粮食和经济作物争夺耕地，同时还有保持水土的作用；三是农村人口数量增加，应给粮食生产让路，解决群

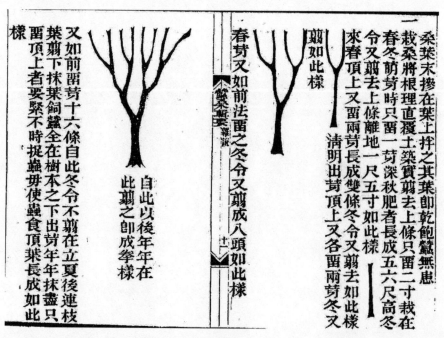

清·沈秉成著《蚕桑辑要》中的栽桑方法

阳城县寺头乡张家庄村古桑树

众温饱问题。

随着经济社会环境的变化，农民自发行为的分散式的桑树栽种方式已经不能适应蚕桑业的发展。新中国成立以后，沁河流域传统的地埂桑逐步受到国家的重视，被作为样板在广大山区推广。1965年4月下旬，农业部程宜萍副局长和中国纺织品进出口公司项志生工程师赴沁水县检查指导蚕桑生产时，认为在广大山区，特别是西北、华北黄土高原的丘陵山区，利用梯田、地埂堰边栽桑，对护堎固堤、保持水土、绿化山区，促进粮、棉和养蚕业的发展，具有十分重要意义。同年6月中旬，农业部在沁水县召开北方8省（市）参观学习端氏公社地埂桑树化现场会议，使北方地区发展蚕桑生产有了进一步的明确方向。

从20世纪60年代末至70年代初，阳城县在孙文龙的带领下大力发展地埂桑树化，使该县蚕茧生产连续10多年位居华北第一。在长期的生产实践中，群众对地埂栽桑的评价很高，正如沁水、阳城两县农民自己编写的这样一首顺口溜，早已在蚕区广为流传：

　　　　　吃粮靠种地，花钱靠养蚕。

　　　　　地里是粮仓，地边是银行。

　　　　　银行保粮仓，粮仓靠银行。

　　　　　粮蚕双丰收，农民喜洋洋。

　　地埂桑作为具有地方特点的桑树栽植形式，在最高峰时，晋城五县栽植数为近5000万株。在"以粮为纲"的历史时期占用耕地栽桑要涉及许多方面。避开诸多矛盾发展地埂桑，既不占耕地，又发展了蚕桑，给农民带来了实惠。

　　从桑树品种看，传统时代沁河流域的桑树主要为地方品种，如格鲁桑系列、摘桑、黄鲁头、黄克桑、晋城摘桑等，这些桑树品为当时蚕桑产业的发展做出了突出的贡献。20世纪80年代初，山西省农业厅在进行地方桑树品种资源普查中，沁河流域晋城市范围内共征集到优良桑树地方品种和优良单株88份。经分类鉴定后，有白桑种33份，鲁桑种12份，山桑种23份，华桑种9份，蒙桑种9份，蒙桑变种鬼桑2份。

地埂桑

当代桑园

从1981年开始，桑园建设成为桑树栽培的一种重要方式，经过几十年的发展，到2012年，晋城全市桑园面积达15.6万亩，地埂桑稳定在1500万株左右，其总量约占全省的80%，占华北地区的近80%。近年来，晋城市不断加大对优良桑树品种的引进力度，农桑系列、特山一号、陕桑305等优质、高产的优良品种已成为晋城桑园建设的主栽品种，深受广大蚕农喜爱。"十二五"以来，山西省委、省政府大力实施"一村一品，一县一业"的产业发展战略，蚕桑作为地方特色产业也得到了相应的扶持和发展。几年来，晋城市每年新建桑园面积均达到1万余亩，发展势头强劲。优良的桑树品种，雄厚的桑园基础，相关政策的大力扶持，为晋城市下一步蚕桑产业的发展奠定了坚实基础。

2. 桑树保护

"家有三株桑，种地不纳粮。"从某种意义上说，桑树就是农家的

"摇钱树"。但桑树生长于室外田野，如何加以保护就显得格外重要。历史时期，沁河流域普遍种植桑树，为了保护桑树不被破坏，从官方到民间都采取了重要的措施。当然，桑树作为农户的财产，村庄在保护桑树方面起着主体作用。

在沁河流域的古泽州地区，旧时村庄对于桑树的保护主要是通过"社"来完成的。那么，社是一个什么样的组织呢？社的起源很早，最远可以追溯至先秦时期，那时的社指的是土地神或后土。碑刻当中所见古泽州地区的社，是金元以后的传统，与先前的含义大不一样。它的本意是劝农。

元初，北方经过多年战争，农业生产遭到极大的破坏，田地荒芜，人民饥馑流窜。针对这一情况，元政府在至元七年（1270）二月建司农司，同时颁布农村立社法令。令文的主要内容是：以自然村为基础，原则上五十家立为一社，各种人户均须入社；社设社首，由社众推举德高望重、通晓农事、家有兼丁的人担任，免除本人杂役，专务督促农业生产；社首监督社众，社众服从社首；每社设义仓和学校；社众之间以及社与社之间在生产上互相协助。此外，令文还对兴水利、灭蝗害、栽桑枣、耕种荒闲土地等发展农业生产的具体措施作出规定。因农村的社最早是作为劝农组织建立的，故农村社制又被称为"农桑之制"。农村立社对元代前期北方农业生产的恢复起了积极作用。立社后五六年，农业生产就有显著增长。一些农业生产技术通过社的组织得到推广。元政府建立了农桑文册制度，责成社首、胥吏逐户调查登记，依式上报，以使国家每年掌握种植、垦辟、义粮、学校的数字，加强对农业的管理并保证赋税的征收。

继立社令文之后，元政府还颁布了一些法令，使农村的社又成为行政系统的基层单位。社隶属在乡、都下面，社首除劝农外，尚需负责统计户口、征调赋役、维持治安和处理社内一般诉讼事务。当时乡、都设里正，社首即为里正下属。社首名义上由社众推举，实际上由地方官吏和村社富户指派，担任社首的人多数是中小地主，从而加强了元政府的统治基础。

随着时代的发展，社的功能不断扩张，已经到了"无村不立社，

清和三月佳
日日採桑急
金露彩发沐
孙信溪而温
枝高学猱升
菱芨袭火拉
昨搞満筐柄
妇狂顷不鹢
採桑

雍正《耕织图·采桑》

无人不入社"的程度，每个自然村落的"村民"同时又是某社的"社民"，很少有人不在社内的情况。由于社在基层民众生活中的巨大影响，脱离了社的人，便不被允许进入社庙，从精神上说，失去了神灵的

明·沈士鲠《采桑图》

庇护，从更务实的角度看，他们永远失去了大社提供的各种保护或支持，比如被里社分担里役或其他负担等。不在社的个体实际上被边缘化，成为无归属的游民，而在古代社会，没有了团体的庇护，个人要面对各种负担是难以想象的，甚至生存都是一种奢望。

由此可见，民众的日常生活大部分被社所控制。根据所奉神祇、立社的目的等的不同，可分为很多不同性质的社。最常见的便是具有民间自治意义，且有一定行政机构色彩的"社"，这类社大多以村名为社名，如"龙渠村社"等，"社"往往与村内的"大庙"结合，"社庙合一"，庙是社的办公场所，社借助庙内神灵的权威对社民进行控制与管理；社通过设立委员会——"维首"或者"社首"，分为若干"班"对村落进行集体领导，通过制定村规民约，对村落居民进行行为约束。由于社首大多是较为富有，或者德高望重的人，有些还是有功名的秀才、举人，或者是捐纳了出身的"不入流"官僚，如"从九"等，通过设立"巡秋人"、"巡夫"等对村里进行巡查，违规者根据情节严重程度给予不同的物质惩罚，借此对于村落内的经济秩序、社会风气进行维护。社内的日常事务，一般都能通过社首自身的威望加以解决。现存于沁河流域的大量禁桑羊碑刻为我们呈现这段历史提供了一手文献。

在高平市河西镇常乐村玉皇庙，有一通刊刻于清道光二十四年（1844）的《永禁桑羊碑》，为我们呈现了"社"在桑树保护中的重要角

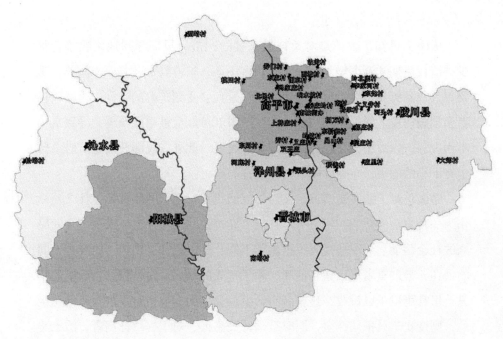

沁河流域禁桑羊碑刻分布图

色，其碑文如下：

> 窃以庶民之家，耕读居先；治生之道，农桑为最。吾乡自国初以来耕以为食，蚕以为衣，八口之家，含哺鼓腹，甚足乐也。厥后社规怠驰，蚕桑遂废，小户贫人，求桑乱采，其蹂躏田地为害更甚。于是阖村公议设立条规，不唯春夏间不许乱采，即秋冬二季，无论割桑条、劚桑根，一切永禁。然欲禁桑，则凡害桑之物亦在所当禁。故凡或村中、或邻村，若有成群养羊之家，永不许入境放牧。即间有养羊一二只者，亦不许入他人地内放牧。自兹以往，凡我村众当各遵社规，以共成此美事。如有复循故辙，一经巡夫报庙，虽欲为之袒护而不能矣。独是种桑养蚕，非一年半载所能得利。近来一切社事，图始则易，期□则难。爰是立为石，刻以记其事，使吾辈之办社事者或以泯其始终怠之心，而种桑养蚕之规，则庶乎永垂不朽矣。是为志。

　　从碑文可知，牧羊是对桑树最直接的冲击。早期泽州地区牧羊者很少，清代后期才渐渐增加。由于泽州多山地，羊群属于散养而非圈养，需要每天放到野外觅食，鲜嫩的桑株不可避免会受到羊群的啃食。程度较轻者会损毁树皮，影响桑树生长，程度严重者可能会被啃光桑树，导致来年不再发芽，以致蚕儿乏食，影响蚕桑业发展。此外，民间开山挖矿对桑树也有不小的危害，亦是村社严加禁止的。

　　那么，对于那些违禁者，又当如何惩罚呢？惩罚的依据又是什么？社作为一种自治性质的组织，有"社规"充当民间的习惯法，来规范乡间民众的社会活动。对于违规者根据情节不同，处以罚油、罚钱、罚戏等不同的处罚，最严重者可以送官治罪。除了事先的警示，对外村私自入境的羊只，里社可以予以没收，违反者需缴纳赎金领回羊群。对于拒不缴纳罚金的，则变卖羊只抵偿赔金，同时鼓励社民举证，对于提供证据者，给予奖励。现存高平市北诗镇上沙壁村定慧庵，刊刻于清乾隆十九年（1754）的《禁桑羊碑》最为典型：

乾隆三十七年《蚕桑碑记》

南宋·李迪《春郊牧羊图》

　　阖社公议，禁秋告众为定，今将永禁条例勒石碑记：

　　一、羊只。无论春夏秋冬，永不得入境，犯者罚银贰两，拉来羊三日不赎便卖。

　　一、桑树桑条。无论自己、傍人，年节永不得抽伐，犯者罚银贰两。

　　一、桑叶。黑夜偷盗，罚银□两；白日偷盗，罚银五钱。

　　一、如有人拿住凭证者，照罚头分银壹半。

　　另外对于羊群的处罚也有详细规定，如北诗镇东南庄村。

一、羊入禁场，每群止许拉贰只，多者不收。同日人再拉此群内羊者，亦不收。

一、拉来之羊，每只罚钱贰佰文，□五日内□，逾限倍罚，再逾更倍，羊死免罚。

一、罚羊之钱，每只给拉羊人钱伍拾文，住持□□钱贰拾文，十余敬神。

一、逾限倍罚者，喂羊钱亦按限倍赏，以□用养。

一、羊过叁限不赎，必羊价不够罚数，社中难以人喂，任凭售卖。

一、羊在道路不得妄拉，违者不收。

一、盗桑树及桑条者，入社从重议罚。所罚之项，以一半给捉送人，一半留以敬神。

一、牧羊盗桑人强梁不受罚者，禀官究治。

但是，对于畜牧业所占比重较大的地区，为了更好地调和牧羊与蚕桑之间的关系，村社也会采取变通之法，在保证蚕桑业正常进行的前提下，会允许牧羊业一定程度的存在。其通常做法是在春夏之际，树木葱茏之时，以蚕桑为重，保护桑林；在秋冬霜降以后，树木凋零，蚕桑业无法进行的时候，开禁若干时间，数月不等，在此期限内准许村民牧羊。如清代高平县米山镇三王村就有这样的规定：

尝思周以稷事开国，百亩之田，匹夫耕之；五亩之宅，墙下稷之。则农桑之所宜重也，由来久矣。所可憾者，大田多稼，人每损人而利己。故廉耻不顾，而盗贼□生。不宁唯是，而牛羊尤甚。今夫尔羊来思，三百维群，其为害岂浅鲜哉？疆理宜整也，而牛羊践踏之，女桑宜茂也，而牛羊畜牧之，目击心伤，于兹有年。于是欲不禁而恐有害于民，欲永禁而尤憾不便于民。故合社

泽州县河底村《永禁桑柿柴碑记》

公议，于霜降之后，开羊四旬。斯时也，则稼穑已登，桑田无害，庶乎两得其宜耳。以及大社各样树株，均不得毁伤。又恐久而淹没，并刻之于石以垂不朽云。

大清嘉庆癸亥年伍月初三日合社仝立

另外，有一种桑区是永远不会向牧羊者开放的，这就是"禁场"。禁场是桑树集中的地区，这里无论冬夏，都不准许羊群进入，若有违抗，可以由社民举报，交村社处理，视情节轻重处以"罚灯油"或"罚钱"的处罚，所罚灯油等归入大社庙内供神之用；情节严重者，则交县衙门处理。如现存高平市神农镇故关村，刊布于清嘉庆十六年（1811）的《阖社公议永禁夏秋桑羊碑》记载：

阖社二十一枝奉示公议，禁止永远。不许夏采伊人之桑，秋窃非己之禾。以及遐迩养羊之友，并育六畜之家，皆莫入禁场而践嗜其农桑之物……故不得不严为永禁，以重农桑耳。兹特显立斯碑，预为告明。自禁之后，各宜凛遵。倘有不法之辈，阖社公仝送官究治。

社规列后：

四月初八日，执事首人遵规禁夏，拈阄派班，不得推违。

一议、禁夏不得入伊人之地，挖取菜苗，窃采桑叶。如有人拿获者，入庙公议，罚油。

七月初七日，执事首人遵规禁秋，拈阄派班，不许延迟。

一议、禁秋不许入伊人之地，假以剪荞、割芦、打枣为名，窃取田禾、瓜菜之类。如有人拿获者，入庙公议，罚油。

一议、凡所养蚕之家，必以桑株为重，外人不得砍伐。倘有人砍伐伊人之桑株，有人拿获者，入庙公议，罚油。

一议、凡所卧羊之事，夏以三月朔日起，四月朔日止；秋以九月朔日起，十月朔日止。虽然卧羊，不许在禁场以内牧羊。为保重农桑，恐其践嗜耳。如有人违犯，有人拿获者，入庙公议，罚油。

以上犯规所罚之油，神前缴用。

旹大清嘉庆十六年岁次辛未孟秋月谷旦。

阖社二十一枝公议勒石，永为记耳。

正如碑文所言，每年农历的四月和七月村社都会雇用专人"禁夏"和"禁秋"，文献中称之为"巡夫"或"巡秋人"，他们负责对那些盗采桑叶、砍伐桑株以及违规牧羊的人进行防范。

相比民间的自治方式，官方的作用是自上而下地发布命令，以令行禁止的方式告诫所有乡民不得损害桑树，否则将受到严惩。命令的发布往往是用碑刻的形式，以垂永久。在沁河流域，至今仍存有大量的"禁桑羊碑"，这实际上就是古代基层政府出示的一种带有禁令性质的告示。例如，现存于高平市永录乡东庄村仓颉庙内的一通《高平县正堂禁示碑》就是当时的高平县政府于清乾隆五十三年（1788）发布的告示，其全文如下：

特授高平县正堂加五级纪录十次葛，为严禁劚柴牧羊以培桑株事。窃照行□治民首重农桑。农者，食之本；桑者，衣之资，固王政。□桑之教，诚不零缓。若桑株培植得置□牧，不加条桑

□月菁萃沃，若蚕食既无不足，茧丝必产其多，卜便民衣□裕国贡。则桑株一事，实为重务。今据地方李兴□等众，称该里桑株，岁被匪徒劚柴肥己，牧羊蹂躏，以致桑株待尽，蚕食无赖。是诚所谓斧斤伐□牛羊牧足，虽欲萌蘖之生，岂可得采。□念及此殊堪□□，合行给示严禁。为此，示仰该里社首乡地人等知悉：自桑之后，如遇前项匪徒，仍蹈故辙劚柴牧羊，残□桑株者，许尔等立即扭禀本县，以凭究治，决不宽贷。各宜凛遵毋违。特示。

告示

以上通共叁村庄社首公议，永禄里、永禄北、上扶村、永禄村、许庄村、扶市村、刘家庄、马家庄、泉则头、铺头村、劝门庄、黄儿沟、梨园庄、后河村、并东庄村维首立

乾隆伍拾叁年拾贰月贰拾贰日

各村庄乡地合同社首鸣锣以定罚例，如有不遵者，送官究处。

碑文中提及"桑株一事，实为重务"，体现了官方之于蚕桑产业的态度，所以要发布告示，严禁在桑地牧放牛羊、砍伐桑株等，否则就要"送官究治"。又如高平市神农镇故关村炎帝行宫内的一通《奉示永禁各条碑记》，勒石于清嘉庆十六年（1811）六月二十日，内容如下：

特授高平县正堂加五级纪录十次张，为严禁踏践田禾，□取瓜菜，砍伐桑株，以保农业，以重蚕桑事。照得时届孟秋，田禾长发，渐次□□，瓜菜业已成熟。诚恐无赖男妇孩童，假以割草挖菜为名，潜入地内窃取瓜□，作践田禾，砍伐桑枝，均未可定，合行示禁。为此，示仰该里乡地及地主人等□悉：自示之后，如有前项匪徒，仍蹈前辙者，许尔等指名禀究，决不

宽贷；该里□保地主人等，亦不得藉端滋事，各宜凛遵毋违。
特示。

右仰通知

嘉庆拾陆年陆月弍拾日

告示

实立故关里故关村永禁碑记

　　碑文叙述了高平县正堂告示严禁践踏田禾、砍伐桑株之事。碑文刊刻时间为当年农历六月二十日，正值瓜果蔬菜成熟的季节，县官此时发布告示，一则为保护瓜果，二则为保护桑枝桑叶。另外，还有一些内容极为精简的命令、告示，如现存于高平市南城街办徐庄村关帝庙，刊刻于清同治五年的《禁桑羊碑》：

遵官谕：

永远禁赌博、夏秋桑羊、六畜、乞丐

大清同治五年五月十三日　阖社仝立

　　这种禁桑羊碑实际上是对里社自治的一种有效补充。由于里社属于民间自治性质的机构，本身并没有执法权，更多的是靠耆老、富民或者有功名的知识分子自身的威望来约束社民。但是，这种威望需要的是社民的自觉，如果遇到强恶之徒，或者世风衰败、道德沦丧的时候几乎没有作用，虚幻的说教在更实际的物质利益面前不堪一击，故而里社还要有另外一种依靠，即世俗的权力，引进政府的力量是唯一也是必然的选择，通过在政府的备案，更能增加其行使权力的合法性，而政府借此控制地方也是一个很好的契机。鉴于官、民双方在这一方面的高度一致性，这种碑刻便应运而生。

3. 传说信仰

> 养蚕先养桑，
> 蚕老人亦老。
> 苟无园中叶，
> 安得机上丝。

这是唐代诗人李郢的一首《蚕女》，它朴实而又富有哲理地道出了整个桑蚕丝绸生产的因果次序关系。在这个次序当中，桑树的种植是第一位的。中国有着悠久的蚕桑生产历史，现有史料记载、考古研究都证明五千年前的先民已经开始从事种桑养蚕的生产实践。春秋战国时期，孟子在描述他理想中的升平盛世时就说道："五亩之宅，树墙下以桑，匹妇蚕之，则老者足以衣帛。"中国古代"男耕女织"的农业经济形式，说明了种桑养蚕的历史不但与中国的历史一样源远流长，而且已经渗透进了中国古代社会的日常生产、生活和文化之中。

> 日出东南隅，照我秦氏楼。
> 秦氏有好女，自名为罗敷。
> 罗敷喜蚕桑，采桑城南隅。
> 青丝为笼系，桂枝为笼钩。
> ⋯⋯

一千多年前的一首《陌上桑》描绘了一幅优美的秦氏好女罗敷采桑的画面。而自古以来，关于桑树的神话传说更是不胜枚举，其中又以空桑和扶桑最为有名。上古伟人降生之地被称为空桑，空桑指空心的桑树，传说上古时期五帝之一的颛顼、商代的名相伊尹，以及春秋时期著名的思想家、教育家孔子等人都是出生于空桑之中。

扶桑的本意是指大桑，也称"扶木"、"若木"，因为两两同根生，成百上千株桑树相扶相持，像亲人一样形影不离，故曰"扶桑"。《淮南子》又说："日出于旸谷，浴于咸池，拂于扶桑，是谓晨明。"扶桑在这里成了太阳栖息的地方，总是伴着太阳的升起而出现。在泽州县南村镇北社村，有一块题为"望扶桑"的匾额，至今保存完好。该匾额为长方形，高40厘米，宽80厘米，刊刻年代不详。这充分说明了桑树在这一区域的重要性，已经成为一种文化镌刻在日常的生活中。

泽州县南村镇北社村的匾额——"望扶桑"

古代的许多仪礼也在桑林中举行，《战国策》载："昔者尧见舜于草茅之中，席陇亩而阴庇桑，阴移而授天下传"，意思是说尧在桑树下把天下禅让给了舜。《淮南子·主术训》曰："汤之时，七年旱，以身祷于桑林之际，而四海之云凑，千里之雨至。"传说商代开国君主成汤在位时，七年大旱，成汤在桑林祈求降雨，不久天降甘霖，后人称之为"成汤祷雨"。成汤祷雨时的乐舞，后来也称之为"桑林"。成汤后来慢慢演变为雨神，久旱不雨时人们就会到庙里祭拜。如今，在沁河流域还有很多汤王庙，成汤祷雨的传说也在这一带广泛流传。

话说商汤欲来析城山祷雨，当他走到山腰处时，忽见熊熊烈火挡住去路。因其祷雨心切，欲强行闯过，却被正在桑林中寻叶吃的黄牛神挡住道："你虽然重农耕，倡养蚕，使黎民百姓过上了好生活，就连最贫穷的百姓也能喝上三顿汤，但一些富家子弟，只知享受，不知节俭，竟用油

明·《帝鉴图说·桑林祷雨图》

馍馍垫屁股，黄蒸圪垯垒地堰。此事传入天官，使玉皇大帝甚怒，让龙王七天不向人间布雨。"汤王听后便道："殊不知天上七天，人间就是七年啊！今大旱已经五年，人间已是土焦草枯，饿死黎民百姓千万，恳请牛神助吾一臂之力，让我焚身祷雨也心甘。"

黄牛神为汤王舍身祷雨的精神所感动，于是不顾天规恢恢，偷偷把其夫人铜扇公主的阴阳芭蕉扇拿来，用阳面朝东扇了两下，瞬间，铺天盖地的飞禽从东海噙水而来，喷洒在火焰山，使火势越来越小。眼看大火快要熄灭，飞禽却又一哄而去。就在这时，黄牛神又拿起宝扇用阴面朝西扇了两下，只见成群结队的走兽从四面八方赶来，一个个就地打滚，不一会火焰全被熄灭了。火灭路通，汤王赶到析城山焚身祷雨。此事感动了玉皇大帝，时隔不久，倾盆大雨从天而降，一直下了三天三夜。久旱逢甘霖，当地黎民百姓终于度过旱灾，恢复了正常的生活。

可就在这时，铜扇公主那边却出事了。这天，王母娘娘感到天气闷热，叫自己的贴身侍女铁扇公主打扇，但铁扇公主的扇被孙悟空西天取经借去未归，要另一侍女黄牛神夫人铜扇公主打扇，却不知扇在何处。在追责盘问之中，才得知是黄牛神盗扇私自下凡。王母娘娘为此大怒，立刻派天兵天将捉拿他问罪。黄牛神得知后，为免遭王母娘娘的惩处，便慌忙逃离天庭，经千山万水来到濩泽大地。就要到达汤帝住的桑林村时，鸡鸣五更，天色渐亮，黄牛神四蹄再不得动弹。当天兵天将就要赶来时，黄牛神摇身一变，成了一座牛山，即今阳城县台头村的牛头山。

再说，商汤祷雨负伤在桑林疗养。一天，汤王在河边钓鱼，伊尹丞相赶来将黄牛神因盗扇助汤祷雨被罚之事予以禀报，汤王有感于黄牛神的无私相助，将其封为牛王爷，并赐桑叶贴满全身，享受人间香火。从此，山前坪变成了桑叶状，牛山头部竟然抬起头来采吃桑叶。濩泽百姓不忘它助汤祷雨为黎民之恩，便把牛王吃桑叶状的地方叫"抬头"，因"抬"与"台"同音，"抬"字写来不便，后人就把"抬头"叫作"台头"了，并将台头村前的那块桑叶坪叫作"台头坪"。

古人生活中处处有桑树的影子。古人常在住宅旁种植桑树和梓树，后来就把"桑梓"作为家乡的代称，也表示远方游子对故乡的眷恋，对父母的爱戴之情。桑梓树在父母长辈的精心培护和管理下茁壮成长成材，成材的梓树可做大梁，结实耐用，桑木可做家具，纹路优美。在未成材之前，桑叶可以养蚕，最终结茧成丝，缫丝织绸，做衣御寒。两种树叶都可喂养牲畜，年年伐枝而不枯。桑梓树寿命很长，象征着父母的高寿。因为这两种树都是"前人栽树，后人乘凉"，所以作为晚辈而言，对桑梓树敬重就是对父母的孝敬。砍伐采叶时，按节令规矩而行，树越砍越旺。正因为此，村村寨寨遍栽桑梓。返乡的人儿一见桑梓，就看到了村庄，知道是故里了。

古时的青年男女更是把桑林作为约会的最佳去处，后世用"桑中"、"桑间"专指男女约会之地。古代的很多与爱情相关的故事就发生在桑林之中，其中最有名的当属出自汉代刘向《列女传》，后被元代山西平阳（今临汾）籍杂剧大家石君宝创作的《秋胡戏妻》的民间故事。故事的主人公是春秋时期的鲁国人秋胡，刚结婚三天便被征召充军。胡妻罗梅英在家含辛茹苦，侍奉婆婆。财主李大户倚势谋娶，遭梅英拒绝。十年后，秋胡得官荣归，途中在桑园遇到梅英。由于两人分别时间太久，彼此已不认得。秋胡见梅英长得标致，竟无耻地加以调戏，并以黄金为诱饵。这自然遭到梅英的严词拒绝。梅英得知真相后，非常失望。尽管秋胡是她日思夜

明·臧懋循辑《元曲选·鲁大夫秋胡戏妻》插图

想了十年的丈夫，尽管秋胡此时做了高官，并给她带来了金冠霞帔，她也决不原谅秋胡的丑行，向他索要休书，誓与他一刀两断。后经婆母相劝，责骂丈夫秋胡，让其向妻子下跪认错求得谅解，一家人才重归团圆。全剧充满喜剧色调，但又写出了妇女的不幸遭遇，把一个自尊自重、富贵不能淫、威武不能屈的劳动妇女形象鲜明生动地刻画了出来。泽州秧歌《桑园会》是《秋胡戏妻》的另一种表演形式，它唱腔委婉动听，内容生动，形式活泼，剧词通俗易懂，幽默风趣，具有浓厚的地方色彩和扑鼻的故土香味，很受群众欢迎。另外，上党梆子《采桑》也是同样的故事情节。

在沁河流域的阳城县，一直流传着清代进士田六善与蚕姑的爱情故事，故事的发生地同样与桑树相关。

说到田六善，还必须从"九凤朝阳"和"十凤齐鸣"的故事谈起。话说清初顺治年间，阳城县有位王秀才在白岩石洞书院教学，将张尔素、杨荣胤、田六善等十位弟子招入麾下。顺治三年（1646），皇帝举行全国殿试，此十弟子同赴京赶考，其中九人齐中进士，唯独学业居优的田六善榜上无名，被主考官留京等候。九进士上任前为谢师功，共同在阳城十字街西口修一牌楼，上书"九凤朝阳"。留在京师的田六善经皇帝面试后备受赏识，被封为重臣。田六善返乡后见到"九凤朝阳"牌楼颇有感触，又于县城十字街东口建一牌楼，亲书"十凤齐鸣"，以报恩师呕心沥血之功。"九凤朝阳"、"十凤齐鸣"两座牌楼在县城主街相互对应，成为一大景观。这也轰动了朝野上下，使阳城的名气陡升，与陕西的韩城、安徽的桐城并列为清初三大文化名城，正所谓"位列三城"。也因为此，阳城县的文风在当时泽州府下属的晋城、高平、阳城、陵川、沁水五县中自然排行第一，于是便有了"凤高五属"之说。

田六善自幼聪慧，在白岩书院的功课自然不在话下，很快就从学子中脱颖而出。学业上的顺风顺水，多少让他有些得意忘形。一日，田六善感到学习太过沉闷，便趁机从书院溜出，到田野中感受大自然的鸟语花香。他触景生情，不禁吟出孟浩然的五言来：

> 春眠不觉晓，
>
> 处处闻啼鸟。
>
> 夜来风雨声，
>
> 花落知多少。

话音未落，忽然听见从身后传来一阵嬉笑声，其中还隐含着几分轻蔑和讥讽。田六善自觉尊严受到伤害，压着怒火循声望去，只见不远的桑树下站着一位村姑，包着头巾，正在采摘桑叶。田六善虽看不见她的表情，却知道是在嘲笑自己。平白遭受村姑奚落，实在有辱斯文。他想也没想，张口就是一首五言，用调侃的口吻戏谑道：

> 燕雀笑惊鸿，
>
> 焉知击长空？
>
> 何堪摘桑叶，
>
> 不习女儿红。

他一边把自己喻为鸿鹄，能击长空，前程远大；一边嘲笑采桑女有眼无珠，指责她应该在屋里学习女儿活计，而不应抛头露面在野地里摘桑叶。田六善自以为才高八斗，采桑女断无回击之力，哪知一首不卑不亢的五言诗瞬间回敬过来：

> 农家女子苦，
>
> 干活百样多。
>
> 那得闲暇时，
>
> 摇唇学八哥。

对于村姑的回复，田六善实在猝不及防，他像挨了一记闷棍，竟不知如何收场。本想在这荒僻无人之地卖弄学问，反倒碰了一鼻子灰。尴尬之余，忙换个口吻说：

> 尊下句句珠，
> 六善叹莫如。
> 敢问高师谁，
> 能否告匹夫。

采桑女也不隐瞒，便启朱唇，发皓齿，以诗答曰：

> 祖父虽故去，
> 也曾坐师塾。
> 近墨必自黑，
> 近朱自当赤。

田六善听到这里，方才的轻浮和自傲早已荡然无存，取而代之的是对姑娘的尊重和敬佩。他万万没有料及在白岩书院近畔偶遇一位采桑女，竟然才情盈溢，出口珠玑。忙趄身拱手一揖，送上了一首赔情五言来：

> 六善眼无珠，
> 班门弄大斧。
> 大姐莫见怪，
> 愧我太粗鲁。

也可能自己样子有点滑稽，惹得采桑女又是一阵好笑，不过这一回是掩嘴羞涩的轻笑。然后就见她拎起荆条篮儿，像只小鹿般消失在林荫深处。把无尽的寂寞和绵绵的相思，留在了空旷的桑林间。田六善望着她那婀娜的身影渐行渐远，直至消失，才怅然收回目光。

这天夜里，田六善失眠了，他辗转反侧，久久难以平静，眼前一直

闪现着采桑女的身姿倩影。尤其是那敏捷的妙对才情，使他由衷地领略了山外有山、人上有人的真谛，而自己的自命不凡，实在是井底之蛙。

此后的几天，田六善每天都要来到那片桑林，采桑女也会"如约而至"。两人从羞涩不语到无话不谈，她告诉他，她叫刘碧娴，家住山那边的刘家村。田六善也把自己的身世透露给对方。碧娴似乎对他的举止很好奇，说："城里没有学馆吗，你为何跑到荒寂的白岩

袁培基《采桑图》

书院来读书？"田六善不假思索地说："白岩书院不简单，曾培养出造福于庶民社稷的大清官杨继宗。"碧娴对他这个回答十分满意，她认为田六善不仅才华横溢，而且志向远大、正直清明，这世上的男子就应当如此。两人分手时，碧娴答应他金榜题名时为他祝贺。而从碧娴含情脉脉的眼神里，田六善也读懂了其中的蕴意。

碧娴的叮嘱给田六善增添了信心和力量，从此，他收拢野马奔腾般的思绪，一门心思扑在学习上，终于金榜题名中得进士。之后两人结为连理，在碧娴这个贤内助的帮助之下，田六善一生秉持"必贤"信念，为官清廉、爱民勤政，加之他才智过人、见识超群，由河南太康知县很快上升为左副都御史，后又升为工部右侍郎、户部左侍郎。他恪尽职守，是顺治、康熙二帝十分倚重的股肱大臣。

在沁河支流的漤泽河流域，还流传着一个桑女投胎桑葚区的神话

剪纸《地桑神》

故事。

话说有一位掌管桑树的神仙叫桑女，是王母娘娘的外甥女，已到婚嫁年龄，却一直选不到如意郎君，感到非常寂寞。一天，桑女和姐妹们走出宫院，出来散心，不经意向下一看，只见斜岭山脚下男扶犁女撒种、男挑水女浇苗，这一和谐幸福的场景让她羡慕不已，于是决心下凡到人间寻找真情。

斜岭山脚下的西区口庄上住着一户勤劳朴实的人家，夫妻二人农猎为生，相依为命，平日里还接济少吃缺穿的左邻右舍和过往穷人。只有一事尚不如意，眼看年到花甲，仍然未有一儿半女，因而常常祈祷神灵，降下子嗣。一天夜里，妻子梦见一颗紫红色的果实从天而降，落入口中，甜酸可口，香味无穷。从此以后，她腹部渐大，怀胎十月产下一女。话说此女刚一落地就会说话，老两口甚是喜爱，给她起名叫"桑女"。小桑女活泼可爱，聪明善良，转眼间长到十七八岁，容貌似花，贤惠孝顺，老两口也欢天喜地，把女儿当作掌上明珠。一年轻小伙常到斜岭砍柴打猎，经过桑女家门总要到家中讨口水喝，天长日久，两人互相倾慕，经人说合，小伙子当了上门女婿。婚后夫妻俩形影不离，你耕田我撒种、你担水我浇园，把平淡的日子过得有滋有味，非常舒坦。

一天，小伙出门狩猎，桑女正在地里操劳，忽然天昏地暗、电闪雷鸣，狂风将桑女卷到空中，又甩在地面。乌云中出现一队天兵天将，持刀架枪，指着桑女喝道："大胆贱婢，你本天宫地桑神仙，不守天条，私自下凡，玉帝下旨召汝，还不速速回宫。"桑女一听，如五雷轰顶，看着白发苍苍的二老，想着相亲相爱的丈夫，不忍离去。但是天规森严，众神逼迫，自己不死，就要连累双亲丈夫，于是她就地一滚，现出原形，变成一株大桑树。天将见此大怒，令雷神一道闪电击向桑树，将树劈开裂口。桑树虽遭雷击，仍是岿然不动。天将无奈，只得回天复命。玉帝见桑女死不回天庭，就判桑女在凡间受难，让凡人"斧砍镰削"。桑女丈夫和父母十分思念她，就精心培护这株桑树。年年桑果黑里透红，酸甜可口，深受人们喜爱。周围24个村庄的百姓把桑果中的桑籽种在了房前屋后、地埂田头，斜岭山前山后都长满了桑树。为了执行玉帝"斧砍镰削"的刑罚，又不伤害桑女，人们年年用斧镰只砍去桑树的枯枝烂桩，使桑树越长越旺，丰年桑葚可以调节口味，灾年度荒充饥。后来蚕神嫘祖到此教民养蚕，桑树不仅产果，而且叶子能养蚕作茧、抽丝织绸，方圆百里前来购果购籽的人络绎不绝，斜领山的桑树、桑果、桑籽因此颇有名气。人们为了感谢桑女造福人间的美德，就在斜岭山上的庙中塑了桑女的神像。桑女生前贤惠孝顺，为神也秉持公正。传说有一媳妇经常虐待瞎眼的婆婆，还把僵蚕当饸饹给婆婆吃。一天，媳妇到桑女庙前采桑葚，突然晴天响起惊雷，霹雳一声炸死了恶媳妇。庙旁一古树受连累被炸坏半截，至今犹存。从此，桑女惩恶扬善的名声传遍了四里八乡，人们尊她为"地桑神"。历代阳城濩泽河流域的神庙中，人们总是把地桑神、养蚕神、天蚕神称之为"三蚕圣母"一并塑像祭祀；把狂风卷桑女的地方叫旋风沟，地处24庄之西的出口处，交易桑籽、桑果的地方叫西区口，并把地桑神的家乡斜岭一带24个村庄统称为"桑葚区"。

4. 植桑诸俗

沁河流域的蚕桑产业历史悠久，因为它对人们有重要意义，所以人们在长期的生产生活中形成了很多与桑有关的风俗习惯。例如，在栽种桑树时，人们很少选择在家门口栽种，因"桑"与"丧"谐音，在门前栽种桑树显然是不吉利的。另外，修房不用桑木作建筑材料，也是同样的意思。

桑木做的圆升和方升（阳城县孤堆底村）

但在农业生产中，桑树有着很大的用处。例如，犁地用的犁多用桑木，意在桑木做成的犁可犁到"生（桑）土"上，表明犁得深，犁得好，有利于庄稼的生长；种地用的耧，其耧蛋多用桑木，表明用桑木做的耧蛋所播的谷种，生长发芽快，发芽率高；打谷场上用的"杈"多为"桑杈"，挑得快，挑得省心；量五谷用的斗、升、格多用桑木，表明盛起粮来升上得快，装得满。

在阳城一带，过年有"烧桑柴"的风俗。因"桑"与"丧"谐音，烧桑柴可烧掉"丧"气。冬季蚕区的人们把修桑锯下的枯枝烂枝收集起来，到年三十时取出来架年柴。没有修桑的农户要在年前几天内，用锯或者斧头采集桑树上的枯桩枯枝，俗称"打年柴"。年三十下午把年柴架好，大年初一五更时分随着祭祀开始的鞭炮声，便把年柴点燃，火势烧得越旺越好。烧年柴不仅让整个庭院明亮，而且天空也映得通红，预示着年景红红火火、旺气冲天。加之年柴烧时发出噼噼啪啪的响声与鞭炮声齐鸣，给新年更增添了欢乐的氛围。用桑柴烧年火，还有一个驱赶妖魔的传说：商纣王是个昏君，他所宠的妃子除狐狸精苏妲己之外，还有一个是九头雉鸡精。这两个妖精魔力虽大，但苏妲己怕桃木制成的宝剑，九头雉鸡精怕用桑木烧的火和柏枝熏的烟。在铲除九头雉鸡精的围杀中，因她有九个脑袋，砍一个又出来一个，血淋淋地夺路飞逃。飞到哪里，血就滴到哪里，哪一方就遭殃。她逃跑的时间正好是大年初一五更，人们为了避免害人的九头雉鸡精进入宅院，就点燃了桑柴并放上柏枝生烟，把这个害人精驱赶得远远的。

四、处处人家蚕事忙

1. 蚕家之苦

"男耕女织"是中国传统社会天然的家庭生产分工,女子从事养蚕、纺织,在那个时代是天经地义的事,而且,由于熟练程度、精细程度的不同,此家的女子与彼家的媳妇在同一件事上无形之中就有个高下之分。甚至,官方为了鼓励农家养蚕,还弄出个"模范",以营造争先恐后的养蚕氛围。然而,在一切的理所当然背后,蚕家日夜的辛苦劳作却被遗忘。

> 东家西家罢来往,
> 晴日深窗风雨响。
> 二眠蚕起食叶多,
> 陌头桑树空枝柯。
> 新妇守箔女执筐,
> 头发不梳一月忙。
> 三姑祭后今年好,
> 满簇如云茧成早。
> 檐前缲车急作丝,
> 又是夏税相催时。

这是元末明初著名诗人、"吴中四杰"之一的高启写的《养蚕词》。诗中以时间为序描写了养蚕的各个阶段,特别突出了蚕妇的辛苦,而好不容易等到蚕儿结茧,缲车作丝,正要享受丰收的喜悦,可偏偏又逢蚕丝税的征收,着实让人不快。他揭露了普通民众含辛茹苦养蚕缲丝,但大量劳动果实被迫上缴的现象,反映了古代蚕家的不易。江地先生在回忆到自己的家乡沁水县中村时,对当地的养蚕人家亦有类似的描写:

> 中村是出产蚕丝的地方,这是全村农业上的大宗,不但我
> 的母亲和姐姐都会养蚕,织家机布的绸子,连我们孩子们也知

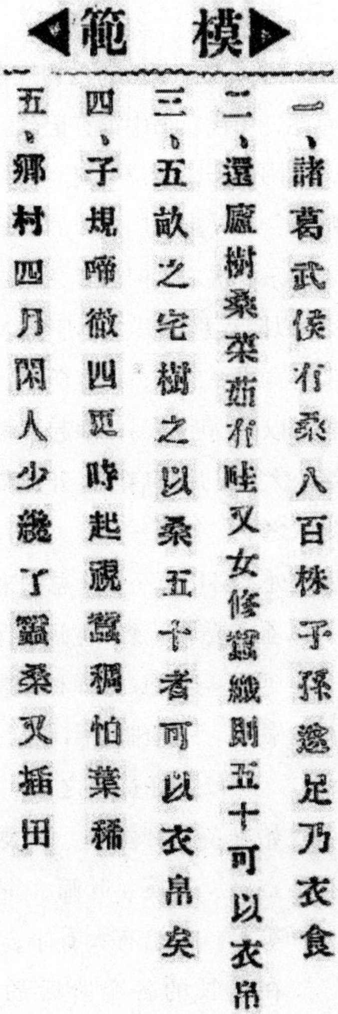

道在课余之暇，去放牛割草，并顺带摘一把桑叶回来喂蚕，男人们则在蚕茧将收的前夜，就忙碌起来了，他们必须把村外河滩边田埂上一排一排桑树上的枝条砍回来喂蚕。因为那要登高上树，要用斧头来砍，要把它大捆大捆地背回来，这就不是妇女和孩子所能为力的了。大约是在蚕的头眠、二眠以妇女、孩子为主体，到三眠、四眠不仅妇女成为主要的劳动力，而且连男人们也都紧张起来了。待到蚕茧收摘下来，人人脸上露出了喜悦的笑容，这在家庭里是一笔可观的收入。谁家可有多少土地，又有几把蚕丝，这是衡量家庭水平的一个标准，而这标准又成为男婚女嫁是否门当户对的条件。可

◄模 范►

一、諸葛武侯有桑八百株子孫邀足乃衣食

二、還廬樹桑菜茹有畦又女修蠶織則五十可以衣帛

三、五畝之宅樹之以桑五十者可以衣帛矣

四、子規啼徹四更時起視蠶稠怕葉稀

五、鄉村四月閑人少纔了蠶桑又插田

民国《蚕桑浅说》中的养蚕模范

惜的是人们就连想也没有想到过，为什么穿绸着缎的竟在中村找不到？是中村人不会穿着么？不是的，贫穷就是村庄里的特色，贫穷使他们连想也不敢想呀，我见中村人之中有穿过绸衬衫的，就仅仅有高小的老师们，但他们也不是人人如此，只是

偶尔有所见到罢了。

确实，养蚕是件忙碌劳累的工作，而且需要细致入微。蚕的习性喜暖而恶湿，因此，对蚕室的选择就很重要。对此，历代农书中都有记载。《王祯农书》载："民间蚕室，必选置蚕宅，负阴抱阳，地位平爽"，"复要间架宽敞，可容槌箔；窗户虚明，易辨眠起"。《豳风广义》的记载更为详细："其民间蚕室，坐北向南者为上，向东者次之，向西者又次之。缔构之制，或瓦房、草房，但以泥涂材木，以防火患。其大小广狭，任人之力，务要司架宽敞（每箔长一丈，间架可宽丈一二），可容槌箔，易于转动。每间两头，各置大焰窗，每临旦暮，以助高明，易辨眠起，大眠之后，可通风凉。窗用纸糊周密，中糊捲纸一大方，后可启闭。外挂草荐，若卑湿之地，须附地列置风窦（每壁底门坎之下，各开一穴，大五六寸，以砖合封，以防启闭），以除湿郁；高燥之处不必用此……"总的来说，蚕室要求干燥、宽阔、保温、通风、透光，选择和布置蚕室就是一种精细的活计。

布置好蚕室之后，就开始准备各种蚕具，主要包括蚕筐、蚕筷、叶筛、蚕蔟，等等。蚕箔有大有小，是蚕在生长的各个阶段的"住所"。蚕筷用来夹小蚕。叶筛是用来给小蚕布桑叶的筛子，因为蚕小体弱，用手布叶容易出现厚薄不一，厚者可能压伤小蚕，所以要将桑叶切碎，用有孔的筛子均匀地布叶。蚕蔟就是供蚕上蔟

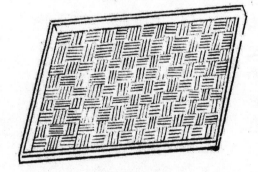

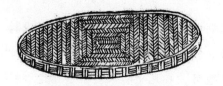

清·卫杰《蚕桑萃编·蚕筐图》

沁水县古堆村养蚕户家中的蚕筐

用的物品，传统时代一般用松枝、柏枝、谷草把等，新中国成立以后逐渐改用方格簇和塑料折蔟。

工具准备完毕，开始选种催青。催青又称暖种，传统社会用的都是土蚕种，把蚕茧放在常温下让其自然孵化成蛾，由雌雄自由交配将卵产在蚕帘上。每年夏季，将蚕帘纸先贴附在水缸外壁，几天后再挂到房梁上，以防受热。立冬时，在冷水中浸泡取出晾干后，再贴到水缸外壁或吊到水井深处冷藏。到第二年春季清明时节取出，包好后挂在室内温暖处，这时蚕卵胚子开始活化，随温度升高而发育，孵化后开始收蚁饲养。由于这种方法无法掌握蚁蚕孵化和桑树发芽开叶的一致性，达不到适时收蚁的效果，常常造成缺叶现象。新中国成立以后，沁河流域才逐步引进、推广优质蚕种和先进的催青技术，大大提高了生产效率。

相比前面的环节，蚕的饲育是最为辛苦的。传统时代，北方蚕区一般是三眠，南方蚕区则为四眠。新中国成立后，北方地区引进南方的蚕种，也逐渐过渡到四眠饲育。从蚕蚁孵化起，约三天三夜为一个龄期，是为头眠。这个阶段，蚁蚕休眠一昼夜左右，蚕儿体小又弱，食量较少，但需要非常精细地观察、照看。蚕醒过来吃桑叶，再过三天三夜，又进入休眠

雍正《耕织图·浴蚕》

雍正《耕织图·三眠》

期，眠一昼夜，称为二眠。二眠之后再过四五天，又一次进入休眠，此时蚕体渐大，食叶量也慢慢增加。蚕妇喂叶的次数也随之增加，非常辛苦，所以有"春蚕三眠更三起"的说法。三眠后，再喂四五天，蚕进入第四次休眠，俗称"大眠"或"大起"。眠期一昼夜半到二昼夜，醒来后进入食叶量最大的阶段，连喂七八天蚕体渐趋成熟，通身晶莹剔透，开始不食亦不眠。这时蚕农将熟蚕上蔟，等待着收获蚕茧。

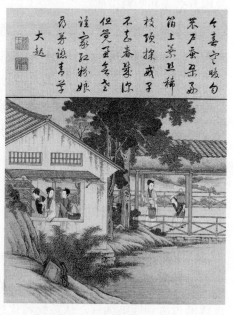

雍正《耕织图·大起》

在蚕体四眠的过程中，蚕农不得有丝毫马虎。例如，蚕食湿叶多生泻病，食热叶则腹结、头大、尾尖。热气熏蒸，后多白僵。仓促开门，暗值贼风，后多红僵。对温度、湿度、宽松度、亮度、卫生、鼠害、声音等都必须精心地把握。特别是到了大眠之时，食叶量大增，往往造成桑叶不足，蚕妇们更为此发愁。胡兰成写有《陌上桑》，提到半夜蚕饥，母亲叫醒他，命他提灯笼，母子二人一起出后门去采桑叶。还提到有一次家里叶尽，父亲和四哥都不在，他母亲急得哭泣，恰好娘舅路过，一见如此，像泼水救火一样，赶忙去给她采了一担桑叶回来。这些往事道出了养蚕的艰辛和虔诚。

2. 蚕风蚕俗

甲骨文中的"蚕"字，如同一条微昂身躯的小蚕，白胖、柔软。演变至今，上为"天"，下为"虫"，造字时真是大有深意，天即上苍，是苍茫宏博的自然，"蚕"为上天赐予人类的一种虫子，万物不计其数，能以此为名，被赋予庄重和神圣。同时，蚕又与人们的日常生活密切相关，在长期的生产生活实践中产生了诸多与蚕有关的风俗。

甲骨文中的"蚕"字

送蚕时的花馍

在沁河流域一带的婚俗中，就有在新婚之年娘家给女儿"送蚕添种"的传统。养蚕的前一两天，女方的父母准备好"蚕种"、五谷（麦、玉米、谷子、绿豆、黍）、蚕鞋（给女婿、婆母）、包茧的被单、防蝇通风的竹帘、花馍等物品，然后一起送到婆家。婆婆则穿上新衣，在门前毕恭毕敬地将"蚕种"迎接至家。婆家设宴热情招待亲家，还要德高望重的叔伯辈作陪。婆家将送来的花馍分别切成二分之一、四分之一、八分之一等大小不等的馍块，按儿子婚事上礼的多少、轻重，分赠给邻里、亲戚、朋友。送蚕的风俗看似简单，却内涵深刻。因为在蚕乡，媳妇过门以后，就是家中的蚕娘了。"送蚕"就是让新媳妇把娘家"蚕神"的"蚕运"送过来，祈求它能在今后的生活中保佑女儿。"五谷"的寓意是生根发芽。而对婆家来说，接过"蚕神"和"蚕种"，也是保佑家庭今后的蚕茧、五谷丰收。"送蚕"向乡邻及亲戚朋友预示媳妇也将会成为养蚕的行家里手，以及发家致富的能手。

婚后的第一年，新娘子要独立养一次蚕种，以接受考验。待蚕到老熟上蔟结茧时，娘家要来婆家"望夏看蚕"，即在夏季来临时看望做了新媳妇的女儿的养蚕情况，婆家则要请村里德高望重的老蚕娘来评看"养蚕"情况，评看娘家看"老蚕"做的"圪恋"（大馒头），评看新媳妇给婆家父母做蚕鞋针线活的好坏，评看娘家给新媳妇带来的夏季用品，如，凉席、竹帘、单被、夏凉被等。对新娘子来说，"看蚕"的成败很大程度决定了她来日在婆家生活的地位，街坊邻居和家人都会以她这一季的收成来评价她。蚕养好了，她与家人的脸上有光，今后在家庭的地位就高。万一养不好，她就被人瞧不起，说她给婆家带来了晦气。当然，新娘子养蚕时，老蚕娘尤其是婆母也会诚心诚意地帮助她。因为这不但关系到新娘子本人，也关系到婆家今后生活的富裕、家庭的和谐，所以更是竭尽全力地传授技术。在阳城县西南乡有个传说，说的是古时候有妯娌两人在养蚕，弟媳向大嫂请教，嫂嫂担心新娘子争夺家庭地位，趁浴种时故意将弟媳的

2013年阳城县桑蚕习俗被评为省级"非物质文化遗产"

蚕卵烫死，只有一颗卵遗漏没泡着热水，并最终逃过一劫孵化成蚁蚕。虽仅有一只小蚕，弟媳照样精心饲养，让它长得又快又大、丝肠发亮，最后上簇结茧。大嫂听到隔壁沙拉沙拉吐丝结茧的声音，又嫉妒起来，偷偷地拿着纳底针对准大蚕刺去。谁知这条大蚕是蚕中之王，小蚕知道大蚕死了，都很悲伤，嫂嫂家的蚕都到弟媳的蚕簇里吊唁，然后在那里结茧。弟媳采茧后接着缫丝，这些茧子都是一根丝抽到完，一共抽了18把好丝。这个故事告诉人们要心地善良，否则必遭报应，从中也反映了"看蚕"的重要性。在蚕乡，媳妇养不成蚕和生不出孩子一样苦恼。

到了端午节蚕老麦黄的时候，新媳妇的公婆要回访亲家，互通养蚕经验，带去亲切问候，共祝蚕茧丰收，俗称"看老蚕结茧"。去时要带30个包甜馅的圪恋。亲家要设宴招待，并有叔伯辈陪客。娘家人将圪恋切成二分之一或四分之一，分送给邻里、亲戚、朋友，告知婆家来"看老蚕"表示养蚕、卖茧、卖丝，"甜在心里"。

蚕俗民风不仅体现在婚事上，同样也渗透于丧事之中，以望死者在天之灵能够保佑后辈儿孙平安如意、兴旺发达。

相传人去世以后穿着绸锦丝带可以保持尸骨不散，所以在沁河流域就有给死者穿绸的习俗。穿丝绸多少视家庭情况而异，经济条件好的，内外穿丝绸衣服，铺盖真丝绸被褥，女脚穿绣花鞋，男脚穿丝绸面料的靴；一般家庭的死者仅内衣穿丝绸；即使是贫困之家也得系一条丝裤带，否则视为最大的不孝。棺内放丝、麻、籼（醅）、枣，意喻死者能保佑子孙如丝麻连绵不断，事业红火，有吃有穿。钉棺时，主要孝子口中反复念叨，愿长者一路走好，保佑后人吃穿不愁、穿绸戴银。

送葬时用桑条拧手炉是流行于阳城县西南乡的习俗。"手炉"即用桑条拧捆成香炉，由长子手持送至墓地。它意喻这家人香火有人传承，桑条拧捆成香炉可镇鬼神。

随着时代的发展，上述风俗的具体内容也在发生变化，比如现在娘家给女儿"送蚕"时已不送蚕种，因为蚕户的蚕种改由蚕业部门统一发放，至于床单、竹帘、鞋之类，就更是摆不上台面，早已被现代化的家

灶王爷牌位

电设备热水器、冰箱、空调等代替，但是花馍、圪恋、绿豆这些看似简单而寓意深刻的物品还是不能或缺。

蚕风蚕俗还体现在岁时节令上。旧时，一年蚕事结束后，蚕农要对下一年蚕事进行预测。每逢小年腊月二十三日，清扫房屋后换上灶王爷的新肖像或牌位，按照上面的老黄历来推测下年的农事、蚕事。推测的方法就是根据天干、地支的不同组合进行。民间素有"大姑把蚕则叶贱，二姑把蚕则叶贵，三姑把蚕则时贵时贱"的占卜说法。其分工为：寅、申、巳、亥年为一姑把蚕（四孟年）；子、午、卯、酉年为二姑把蚕（四仲年）；辰、戌、丑、未年为三姑把蚕（四季年）。大姑是大姐，性格温和，由她把蚕则桑叶充足，叶价低；二姑性情泼辣，勤快好动，蚕吃叶多，桑叶奇缺，则叶价贵；三姑娇生惯养，心神不定，有时养得蚕好，有时养得蚕差，故叶价时贵时贱。

蚕风蚕俗更体现在蚕事活动中。每年蚕月之前，蚕室打扫干净，堵好鼠洞后的第一件事就是"请蚕猫"。而且蚕户喜欢到庙会上去请蚕猫，认为庙会上的蚕猫受神感应，更灵验，不仅能逼鼠，还能避许多恶气。那么，蚕猫是何物？对养蚕有什么功用？蚕猫实际上就是用陶瓷做的猫样的物件，因它被放在蚕室中来镇鼠、吓鼠，所以称之为蚕猫。自古以来，养蚕之家就把防鼠作为一项重要的事情来抓，清人朱奕曾在一首《蚕妇谣》中写道：

日间防蚕饥，

夜间防鼠咬。

保蚕如保婴，

刻刻难离抱。

说明老鼠对蚕事的危害。为了震慑老鼠，蚕家就买来蚕猫放在蚕室。这些蚕猫以泥塑彩绘和陶瓷的最多（阳城县凤城镇后则腰村出产的瓷猫最有名），有时也将纸印的五色蚕猫贴在蚕室的墙壁或蚕匾底部。而关于蚕猫，阳城县横河镇一带还流传着一个"蚕猫捉旮兕"（"旮兕"是当地人对老鼠的别称）的故事。

从前，一个蚕妇在庙会上买了一只后则腰的瓷蚕猫，回家后就随手搁在蚕箔上。家里原先鼠害成群，养的蚕姑姑一到夜里就受糟蹋，每天死伤不少。这天夜里，蚕妇仍和往常一样起身到蚕室喂蚕，忽然撞见一只小花猫正在墙角追赶老鼠，但眨眼工夫便安静下来，不见了小花猫，只觉得蚕

瓷蚕猫

箔上买回的瓷猫晃动了一下。蚕妇好奇，用手摸了摸蚕猫，身上有温度而且毛还是软软的，可一会儿工夫就变成了原来的模样。从此，蚕妇家鼠患消失，旮旯也不见了踪影。这个故事传到村上，养蚕的人家都争相购买瓷猫，放在蚕室或蚕架下，瓷猫就成了蚕农的镇鼠之宝。后则腰"瓷蚕猫"的大名也就在阳城蚕区流传开来。

3. 养蚕禁忌

禁忌是古人敬畏超自然力量或因为迷信观念而采取的消极防范措施，它在古代社会生活中曾经起着法律一样的规范与制约作用。对养蚕而言，因为蚕儿对环境的要求较高，稍有疏忽就会受到影响，古时人们尚不能给予科学的解释，所以各种禁忌就相伴而生。

农户在养蚕时，都会在蚕房的门帘上缝一块红布，警告来人见布止步，其目的是防止外人、生人、穿孝衫人、孕妇、未满百天的产妇闯入蚕

蚕室挂着红布的门帘

房，冲起晦气，带来灾难。乡人对闯入蚕房的不速之客极为恼火，甚至对亲朋好友也毫不客气地下"逐客令"。养蚕期间蚕房皆处于封闭状态。如果从科学的层面解释，这种禁忌也有其合理性，因为蚕对空气温度和湿度的要求很高，不让外人随意进入可以尽量地保持蚕房温湿度的恒定性，也可避免各种病菌的传染，这时缝块红布警示大家就很必要了。

语言上的禁忌就更为普遍了。如在蚕房见到死蚕只许悄悄捡去，不可言传；平素骂人"吃叶不结蚕"，蚕期严禁此言，以防应验；忌说"葱"，怕冲撞蚕神；送客时，不说"走"，怕把蚕神带"走"减产；忌哭泣，忌叫唤，忌争吵，忌秽语淫词，因为这会惊动眠蚕，有悖于蚕事的神圣气氛；忌说"四"与"死"，"姜"与"僵"，所以把蚕"四眠"改成"大眠"，因为怕蚕死蚕僵。所以，蚕室里生老病死的事一概免谈。此外，还忌"爬"、"逃"、"游"，因为蚕到处乱爬，不吃桑叶是血液型脓病，这种蚕俗称"游蚕"，"逃"是说病蚕逃离蚕座爬行于四周。故其"禁口令"如"忌爬不讲逃，爬逃说是行；遇游不言游，悄悄都拾尽"。

在具体行为方面也有禁忌，如蚕房内严禁脱衣服，以防蚕姑姑不穿衣（即不结茧）；忌戴草帽进蚕房，怕蚕姑姑学样"戴帽"（脱皮至头部脱不下）；忌蚕娘养蚕期看戏，以防蚕儿翘着"看戏"，不食叶；不可敲击蚕房之门窗、蚕箔，怕惊动蚕儿乱跑；养蚕时，蚕房遇蛇是吉兆，忌驱赶。

随着科学养蚕的普及，很多禁忌都已不存，但它作为一种文化曾经影响了多少代养蚕人，影响着地方社会的生活，成为我们透视那段历史的活的信息。

五、泽潞丝绸遍天下

1. 缫丝技术

缫丝就是把组成蚕茧的丝抽出来绕上架。从"缫"字的结构就能看出其中的意味：左边的绞丝旁，表明与丝有关；右上方的"巛"形状如水，又如丝线卷绕的框架；右中的"田"字表示锅，用以煮茧；右下有木，表示用柴火烧水。作为蚕桑产业的一个重要环节，缫丝的起源当与养蚕制衣一样，可以追溯至数千年前的远古时代。在几千年的历史进程中，缫丝的技术也在不断地发展变化，从最早的纯手工缫丝，演变为利用缫车缫丝，大大提高了劳动效率。

缫丝时，首先要将蚕茧放入热水中煮泡，待其软化后即可抽出丝线。古代泽州一带，为使水温持久均匀，当地采用的是青石凿成的容器来进行缫丝，水则使用的是山涧泉水。为确保茧丝不被烟熏，加温燃料使用无烟的干柴或木炭，独特的缫丝工艺保证了蚕丝的质量。所以泽州以极细的纤维、鲜亮的色泽、柔软蓬松而清香迷人的丝绸名扬天下。正因为此，泽州地区的蚕丝也成为上缴利税的重要物品。据《泽州府志》记载，雍正年间年上解蚕丝480斤（闰年加18斤），其中，凤台县134斤、高平县125斤、沁水县58斤、阳城县82斤、陵川县81斤。

各县蚕丝除用于纳贡和织绸外还大量外销。整个泽州当时茧丝收购都由各集镇商号，即杂货店、布店、丝绸店、京货铺兼营，就连油坊等也都雇人收茧、安框打丝，宛若一座大型茧丝加工厂。一支又一支商帮源源不断地到泽州抢购泽丝，靠丝绸养

清·杨屾《豳风广义》中的缫丝图

育了一批又一批的商业队伍。西经蒲坂、风陵渡至长安，南经济源到洛阳销往长江以南及南洋各地。沁水的南阳是沁西的一大名镇，在明清时期，这里的百姓就以养蚕丝织贩运黄丝为业，形成了一支驰骋晋东南、晋南、河南的丝绸商人队伍。由于"茧丝之利十倍杂粮"，蚕丝业作为百姓的主要经济来源，仍保持着稳步发展的势头。在当时高平县的养蚕农户占农户总数70%以上，阳城县后来也逐步发展成为产丝

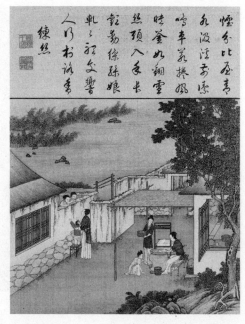

雍正《耕织图·练丝》

大县。清同治《阳城县志》载："丝户虽多，而邑中不织绸缎，皆鬻于外。"清末阳城每年蚕丝外销2万斤，销售缫丝下脚料六七千斤，1927年全县销售黄丝44635斤，价值130937元，占当年外销商品总值的73.68%。

新中国成立以前，古泽州一带的缫丝技术仍然是传统的手工加工，直到1958年，原晋东南地区第一个国营缫丝企业晋东南端氏缫丝厂成立，开启了该地机械化缫丝加工生产的新篇章。1959年1月又投资建设唐安丝纺厂，1960年1月建成投产。同年6月筹建高平丝织厂，也是国家第二个五年计划的重点项目，成为当时华北地区最大的丝织印染企业，于1962年12月建成投产。1966年筹建阳城缫丝厂，1970年1月建成投产。通过十多年的发展，沁河流域的晋城市逐渐形成了种、养、加工一条龙的生产格局，成为山西省重要的丝绸生产出口基地，也是华北地区为数不多的茧丝绸生产加工出口基地。

进入20世纪七八十年代，晋城丝绸产业发展突飞猛进，产品质量不断提高，知名度与日俱增，1979、1983、1988年，阳城缫丝厂生产的梅花牌

高平市吉利尔丝织公司所藏传统缫丝机

SE桑蚕丝三次蝉联国家优质产品质量金奖，是畅销的出口免检产品。产品远销美国、日本、加拿大、苏联、韩国、香港等20多个国家和地区，在国内外享有盛誉。端氏缫丝厂生产的梅花牌ST桑蚕丝于1983年6月被中国丝绸总公司授予"全国厂丝实物质量评比优胜奖"，1990年9月获纺织工业部"纺织工业优质产品"荣誉称号，产品远销欧美等多个国家和地区，受到广泛好评。

目前，晋城市缫丝企业共有3家，全部集中在蚕茧主产区阳城，生产能力是原国有企业的2倍，良好的体制机制，促进了企业的生机与活力。近年来，晋城全市丝绸产业在悄无声息中摸索前行，在激烈竞争中成长发展，在丝绸业界崭露头角，重拾古老潞绸的历史荣耀。原先的高平丝织印染厂顺应市场发展规律，于2008年成立了山西吉利尔潞绸集团股份有限公司，成为太行山上一颗璀璨的明珠，在华北地区一枝独秀。他们抢抓市场机遇，注重品牌建设，以潞绸文化为根基，打造出山西省著名的"佶利迩"服装品牌和"臻一"高端订制品牌以及"丝情麻逸"家纺品牌，成为山西省转型跨越发展企业的典范。

阳城缫丝厂获得的金质奖章证书

2. 织造种种

缫丝结束，就到了染色、纺织的环节。现存高平市开化寺的壁画《观织图》为我们描绘了宋代妇女纺线、织布的场景。画面上壁间有个木楔，上放一个白色小碗，织女上身袒露，下着长裙，坐在长凳之上，手搬纬牌，脚踩折板，正在挑灯夜织。所用的织机为单综双蹑立式织机，这与流传至今的元代山西万荣人薛景石所著《梓人遗制》的记载不谋而合，真实反映了宋元时期泽州地区纺织机具的发展历程。

明清时期是泽潞地区丝织业最为繁华的时期，山西的潞绸、南京的宁绸、山东的英绸等成为全国著名的品牌绸类。文献记载："西北之机，潞最工"，享有"潞绸遍宇内"，"南淞江、北潞安，衣天下"等佳誉。每年向明王朝进贡丝绸达5000—10000疋，仅次于江、浙两省。

潞绸的种种美誉源自其做工的精致，络丝、练线、染色、抛梭，机户不

雍正《耕织图·裁衣》

以为累，色调可谓五彩缤纷，有天青、石青、沙蓝、月白、油绿、真紫、艾子以及黑、红、黄、绿、酱等十多种花色。潞绸的规格分大绸、小绸两种，大绸每匹长六十八尺，宽二尺四寸，重六十一两；小绸每匹长五尺，宽一尺七寸。据《明会典》载，当时明朝通行的贡绸，宽二尺，长三丈五尺。而潞绸中大绸的规格较朝廷的规定既宽也长，这说明潞州所用的织机和机户的技术，在当时已属于先进水平。

潞绸以它的精巧亮丽和过硬的质量，成为各个商家竞相买卖的商品。乾隆《潞安府志》载："贡箧互市外，舟车辐辏者，传输于省、直，流衍于外夷，号利薮。"细致的工艺和众多的花色品种使得潞绸成为明初皇家重要的贡品。明代中叶以后，潞绸成为民众最喜欢的衣料，"士庶皆得为衣"。创作于明代万历年间的《金瓶梅》中有17处提到潞绸，小说《醒世姻缘》也多处提到潞绸，又如沈瓒的《近世丛残》、翟九恩的《万历武功录》、方逢时的《太隐楼集》《张献忠陷泸州记》《说唐》、冯梦龙的《醒世恒言》和明初杂剧《李素兰风月玉壶春》等著作中可以看到，使用潞绸的人有农民起义的领袖、明朝地方小官、市井恶霸和一般市民、衙门捕快乃至妓女，即可看到潞绸生产销售的繁荣景象以及在当时的影响力。

除了大量文学作品的记录，还有很多实物证据说明潞绸的地位不凡。明十三陵万历孝靖皇后棺内完整地出土了一匹600多年前的"红色竹梅纹潞绸"，颜色鲜艳，花纹清晰，纹饰图案为写实竹叶与梅花。质地组织为

出土的明代潞绸

3枚经斜纹，花为平纹组织，经密700板／10厘米，经纬线均加捻，幅宽85厘米。同时出土的还有一幅墨书："潞绸一匹，长五丈六尺，阔二尺二寸五分。巡抚山西、都察院右副都御史陈所学，山西布政分守冀南道布政司左恭政阎调口，总理官本府通判黄进日辨验官督造提调官山西布政使司左布政使张我续，经造掌印官潞安府知府杨枪，监造掌印官长治县知县方有

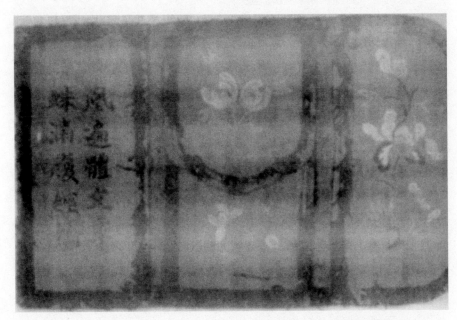

清代用潞绸做的钱包

高平丝织厂"文化大革命"时期的丝织品"毛主席万岁"

度，巡按山西监察御史、山西按察司分巡冀南道布政司右参政兼按察司佥事阎溥，机户辛守太。"这是潞绸作为贡品最重要的实物证据。

到了清代，潞绸的发展出现起伏波动，并一度跌入低谷，但也出现了一些新的变化，那就是泽州地区的"泽绸"以独立的品牌站到了历史的前台，且"以织工精细、质地优良、色泽鲜艳、名扬全国、畅销西北"。所谓"丝、麻出陵川者甚佳，用作船缆，以其从外朽也。绸，有双线、单线，凤台、阳城胥产。帕，织成素帛，以橡穀皂之，谓之乌绫，用以抹额"，产品种类多样。据《泽州府志》记载，雍正年间（1722—1735），凤台、高平两县每年上解绫绢240疋，于闰年加9疋。除了上解内务府的贡绸外，还有一项必完的"王府绸"。同治《高平县志》载："外则伊犁绸输必百疋，疋长二丈一尺，宽二尺。"

除贡绸与王府绸之外，泽州地区大量生产的是民间使用的宽1.8尺的"小绸"。晚清至民国时期，泽州丝绸的纺织，以高平和晋城两县为主，尤以高平为最。机户主要集中于县城周围的村庄，最盛时几乎家家有织机，一般农户一二台，多的三四台，也有的多达十几台，丝绸分素绸和提花绸。素绸分皂绢绸、罗底绸、乌绸、绉纱等，提花绸有花绫绸、八角绸、六角绸、五角绸等。丝绸的种类和颜色视用途而定。丝绸商人根据各地客户的需要，给机户提供信息，及时调整产品品种。

新中国成立后，沁河流域的织造业在现代科技的引领下又走上了一个新的台阶。1961年建立的高平丝织厂就是国家第二个五年计划的重点项目，是当时华北地区规模最大的丝绸织造印染企业。"毛泽东去安源"就是当时最高工艺水平的代表作。随着新技术、新工艺的运用，高平丝织厂迎来了它的鼎盛时期，生产的丝绸不仅畅销国内，还远销美国、日本等国家，其生产的"织锦被面"一度成为结婚时必不可少的生活用品。在民间流传着这样的故事，山西人到上海、杭州等地出差，排队争先恐后抢购丝绸被面，买到之后才发现是老家高平丝织印染厂生产，由此便有了"太行山上一枝花"的美誉。而高平唐安丝纺厂生产的海鸥牌桑绵球，在1984年纺织部举办的全国同类产品实物质量评比中，被评为部优产品；1988年复查评比中蝉联部优产品，产品一直供不应求，深受客户欢迎。

进入21世纪，沁河流域的丝织企业顺应市场潮流，大胆进行改组改制，积极谋求自主创新的发展道路，使其在市场竞争中脱颖而出。作为潞绸文化的传承者，位于高平市的山西吉利尔丝绸股份有限公司，前身为高平丝织厂，2008年9月改制为民营股份制企业。改制给企业带来了活力，从制造到创造，从模仿到开发，从规模化服务到个性化设计，吉利

碾布石——印染后碾平布面的专用工具

尔走出了一条自主创新之路，先后开发出潞绸、织锦、潞绸手绣三大系列百余个品种，深受市场青睐，企业效益稳步攀升。自主研发的国内唯一的大麻丝绸交织系列面料，荣获全国丝绸博览会新产品奖和丝绸新品金奖，并被评为中国秋冬流行面料。丝麻交织缎列入国家重点新产品计划，丝麻凉席获全国丝绸博览会金奖及设计专利。丝麻产业作为山西省产业转型项目，被授予"山西省外贸转型升级示范基地"。先后成功中标龙年、蛇年央视春晚主持人设计服装和2012年星光大道总决赛主持人服装设计制作资格。这是晋城丝绸产业发展的进步，也是"潞绸"这个古老品牌历久弥新的荣耀。

从20世纪末到21世纪初，晋城市先后有多家丝绸服装生产企业成立，其中比较著名的企业有：山西森鹅服装有限公司、山西红萍服饰有限公司、晋城市晋氏实业有限公司等。这些企业在多年的发展中，已经形成具有自身特色的丝绸服装品牌，其生产的针织内衣服装、系列丝绸文化产品，以其良好的品质、过硬的产品质量受到了消费者欢迎，"森鹅"、

高平吉利尔丝织公司生产的当代潞绸产品

"红萍"、"晋氏织造"这些品牌已得到了消费者的普遍认可，成为山西省著名商标。在多年的经营发展过程中，他们不仅稳稳占住了山西省内市场，而且很多产品已成功销往华中、西北等地区，进一步延伸和拓展了新的市场，巩固和加强了品牌的知名度。

3. 经营之道

在旧时的泽州大地，蚕桑业是重要的经济支柱，也是税收的重要来源。蚕茧和丝绸的买卖是蚕桑产业中最主要的经济行为，在此过程中形成了一系列的经营规范和交易习俗。

在清代泽州地区蚕丝贸易的过程中，产生了专供蚕茧贸易的牙行，这些牙行一般归村社管理。村社为买卖双方提供交易场所，这种机构有些地方也叫作"茧庄"，并且保证度量衡的公正合理，称之为"茧秤"，同时控制本社蚕农的蚕茧销售渠道，禁止私下贸易或者前往别社贸易。作为回报，村社要对双方收取一定的佣金，叫作"茧用银"。在沁河流域的阳城、沁水、高平等地，有很多碑刻都有相关的记载。

阳城县西南40公里的横河镇马炼村，曾有一座三蚕姑庙，立有蚕姑神位，是当年缫丝的作坊，后被洪水冲没，近年在这里发掘出一通道光二十一年（1841）立的《立茧秤碑

建　設

○山西省政府電沁水賈縣長以呈報收買鬱繭情形仰妥為辦理由

山西省政府代電

建農字第六一號

沁水賈縣長覽：六月十九日呈報，收買鬱繭情形，已悉。仰隨時商同勸業場派員務須按照市價，公平辦理為要。主席趙廳長樊江建農印。

中華民國二十六年七月三日

1937年7月3日省政府发给沁水县长的公平交易电报

阳城县马炼村《立茧秤碑序》

序》碑刻。该石碑长三尺，宽二尺，完好无缺，字迹清楚，记述了当时这里植桑养蚕"缫丝成习"并买卖兴隆之盛况。其原文如下：

盖阖生民以来，居民乐业，由此而出也。夫农养蚕、植桑、结茧、缫丝而成习，捐上为润国之珍宝。庙河各家立身理宴，虔敬三蚕圣母，酬神圣功德之恩。近闻四邻村庄皆有茧秤一事，独盘亭定此备社，偶起此念。想余社之茧，可归于社中变卖，方为三面之益：凡商者坐庙求得货农之心愿，庙而得财，社内抽油资而荣社。真乃神从人愿，意欲已定，揭力难全。今同阖社处士热心公请酒，共议既妥，商瓮畅允。所有条例辟开于后，勒石流传，万古足哉。

一、议茧入社者，买、卖两家每茧一斤，各出油资钱三文。

二、议在社人等不许在家卖茧，如私卖茧者照罚。

三、议新旧四位老头每日一位，七位茧头每日一位，轮流周转，在庙执日主价过秤。

四、议每年六月初六祀三蚕圣母尊神，所用之物照账办理。此日，勾账交头，不许失误，和违者遵古惩罚。

五、议社抽油资只许置买社物花费，不许古迹祭祀使用。

昔大清道光二十一年署月吉旦阖社仝立

由碑文不难看出，为了维持蚕茧买卖的公正，村社请德高望重的"老头"出面来主持这一买卖过程，并统一茧秤，不许私自买卖。阳城县河北镇下交村乾隆五十三年（1788）的《贸易公约》也有类似的记载："本社公议：茧季下交村中不得私自贸易，俱要到社过秤，茧口低则价有多寡，此随行情定之。老耆于八甲中预请八位公直照官其用，□□□□抽买家用钱贰文，以备庙中公费用。"

碑文中所述从蚕茧交易中抽取的"油资钱"，实际上相当于官方的税收，也就是佣金。它的税率水平，各地不一，但相差不大，如横河镇马炼村为每斤抽三文，河北镇下交村为每斤抽二文。收取方式是向买卖双方共同征收。其用途，一般都是村社庙宇的祭祀活动。

每年生丝于六月开始上市，七八月间是交易的旺季。沁河流域的生丝均系手摇黄丝，白丝几乎不见。这些生丝还可细分为粗细两种。细丝富有光泽，手感滑润；粗丝则光泽较少，质地梗硬，类似麻丝。这种生丝每三斤一把，按斤计价。高平是泽州辖境内生丝的主要产地，县域内有七家丝行，分别是：德兴奎、金顺义、德盛义、豫顺昌、万恒义、敬胜元、泰和东，其规模相差不大。每年蚕茧上市季节，丝行便开始收购生丝。生丝的来源有二，一种是养蚕户自缫生丝，一种是机户买进蚕茧加工缫成。生丝交易的方法，或是丝行派店员下乡收购，或是机户携生丝来丝行兜售。丝行收购生丝后，再把它卖给外地的收丝客商。这些客商中以来自山东的最多，河东客商次之，河北客商较少。丝行由机户买进生丝时，如果两者系经常往来的客户，则贷款支付采取佘售的方式，限期长短不一，如丝行信

蚕茧交易

誉卓著，最长一两个月，否则三两天至十天左右。外省客商来丝行收购时通常需要支付现款。

在买卖双方交易的过程中，还有一些很有趣的风俗。例如，在过秤之时卖蚕茧的一方要念："大蚕姑，二蚕姑，三蚕姑快来拽秤！"并拿一块红布盖在茧上面，压两小炭块，意在卖茧吉利，是上等蚕茧，再放几片桑叶，寓意蚕老叶不尽，来年大丰收。压炭块的习俗与当地盛产的无烟煤有关，这种煤炭烧饭取暖不仅耐用，而且没有刺鼻的异味，很受人们欢迎，被誉为神炭，是驱邪镇宅之宝，在卖的货物中放红布包炭块有吉祥和辟邪的作用。这一习俗的由来还有一个美丽的传说。

有一年，天气大旱，桑叶稀薄，导致蚕丝减产，丝价甚贵。为谋取暴利，个别小商贩在丝里做手脚，将裹在丝束里的丝用水浸泡，外面包干燥的丝，以此来赚不义之财。有对外国同父异母的兄弟，哥哥做生意已有几年，弟弟是头一次，原定合伙经营，可看到市场蚕丝很少，哥哥就改变了主意，他想弟弟是外行，我一人收购不容易，若二人平分，自己得到的利益就相对少，于是就和弟弟分开，每人单独收丝。几天下来，哥哥已经收了10驮蚕丝，弟弟一束丝也没有收到。这一天弟弟独自一人在旅馆喝闷酒，想起哥哥无情无义，不由痛哭起来。有个本地年老的商贩见他哭得伤心，问清缘由后，安慰他说可以把自己的10驮蚕丝卖给他。第二天，老商贩如期而至，两人顺利成交，弟弟表达了对老商贩的感激。哥哥见弟弟也收了10驮蚕丝，偷偷地拆开一看，发现蚕丝里面有用红布包着的炭块和木炭，不禁暗暗发笑，心想把炭块当蚕丝来买，等着赔本吧！

　　完成了收蚕丝的任务，兄弟俩带着驼队一路西行，走侯马，过韩城，到西安，经丝绸之路回国。几经周折，过了几个月，终于回到家乡。这时，哥哥发觉自己的蚕丝大多霉烂变质，而弟弟的蚕丝却完好无损。原来是老汉的蚕丝没有掺水，又怕在路上受潮，替弟弟在丝里塞进了用红布包着的炭块和木炭。如此，兄弟俩得出了一个结论，有红布包炭块的丝是当地最好的蚕丝。此事很快传开了，外地丝商茧商来阳城购买蚕丝蚕茧，非要有"红布包炭块"的蚕茧蚕丝不可。从此，蚕农卖蚕茧蚕丝总是放红布炭块，这一传统一直延续至今。

六、蚕桑代代有承传

1. 家庭传承

中国传统的技艺传承都是采用口传心授的方式，或父传子，或师传徒，概莫能外。栽桑养蚕虽不是什么高精尖的技术活，普通老百姓都能掌握，但要真正得其要领，却也要费一番功夫的。往往在孩童之时，就要自觉不自觉地跟在父母身后模仿。栽桑树时，拿着桑条狠狠地插入土中；剪桑条时，硬是拿着笨重的桑剪折断桑枝；采桑叶时，总要第一个爬上树枝显示本领，回家的时候，还要亲手拎个篮子，里面是满满的桑叶，高兴地哼着小曲；喂蚕之时，蹑手蹑脚地跟在母亲身后，生怕吓着蚕宝宝，打扰它那沙沙的吃相。每天下学，都要看看属于自己的那个蚕宝宝是否已吃饱喝足，长大了多少。结茧之时，既为自己长期坚守的结果感到欣慰，也为"逝去"的蚕宝宝心生感伤。这一切，既是长辈口传心授的教育，也是自

清·《教子采桑图》

我对于生命的好奇和感怀。等长大了，若是女子，这蚕桑之技当然是一个"本事"，婚嫁之时一定会被媒婆好好地吹嘘一番。而这，自然也成为女子习艺的重要原因。若是男子，栽桑采叶的活计干得利落，当然也会加分不少。在这一点上，传统的家庭教育肩负起了做人、做事、务业的多重功能，让一个人掌握了最基本的生存技能，却也在很大程度上陷入一个虽然稳定却没有太大突破的循环链条中。

2. 近代新风

近代以来，欧风东渐，学术走向专门化，学堂教育逐步取代书院和私塾教育，职业教育也开始受到重视，植桑养蚕就从传统的家庭教育走向职业教育和家庭教育相结合的发展之路。而受教育的主体依然是这一农事分工中的女性群体。它的兴起还要从"女性解放"谈起。

"男主外，女主内"，"女子无才便是德"是传统社会之于女性地位

民国·姐妹采桑养蚕图

的一般认识，直至清末仍然普遍。鉴于中国女子长期在家里担任贤妻良母的角色，以及女子的传统习惯和当时的社会条件，当时的女子实业教育主要是对女子进行蚕桑、美术（时称美工）、裁缝、编织、做花（时称造花）等与家庭生活密切的教育。这使得在19世纪末20世纪初的中国，掀起了一个兴办女子手工学校、女子工艺厂和女子职业学堂的风潮。光绪三十年（1904）一月，清政府颁布了《奏定学堂章程》，规定将实施职业技术教育的学校称之为实业学堂，开始在全国推行职业教育。因为这一年是农历癸卯年，所以又称其为癸卯学制。虽然在癸卯学制中，女子还没有受教育的权利，更没有女子实业教育的地位，但一些倡导女子实业的有识之士已经在各地开始创设女子桑蚕学堂、女子手工传习所等实业学堂，以之作为女子谋经济独立和社会地位的重要步骤。如1904年9月，张竹君在爱国

女学中附设女子手工传习所，以"为同胞女子谋自立之基础"。11月，上海速成女工师范手工传习所开办，其宗旨为："采东西各国工艺成法传授，限以时日，课程要求速成，以期吾国女子人人能精工艺，俾得自立于文明世界。"晚清提倡女子职业教育，其目的便是希望藉此振兴实业，挽回利权。因为女性在传统蚕桑业中的绝对主导地位，所以各地纷纷设立蚕桑学堂、蚕桑讲习所和蚕桑传习所，加强对女性专业技能的教

民国女权运动者——张竹君（1876—1964）

育。当时成立的农业学堂也多设有蚕业专科。可以说，为培养改进栽桑养蚕技术人才而办的蚕桑教育，和为培养改进大田作物栽培人才而办的农业教育，几乎形成并驾齐驱的局面，各地兴办蚕桑教育风行一时。

中国设立最早的蚕桑学堂是1896年成立的江西省高安县蚕桑学堂，而对各地蚕桑教育的开展有较大影响的则是杭州蚕学馆。这些都相当于中等学堂程度。蚕桑学堂的学制一般都需要两年时间，这对于人才急缺的地区显然有点漫长，所以在很多地区就设立了时间短、学额多的蚕桑传习所。山西虽地处内陆，但蚕桑业历来为经济之要部。其在蚕桑学堂建设方面虽不及南方，却也在这一背景下设立了蚕桑传习所。此类传习所一般比蚕桑学堂的课程简单，学生程度也低。其为快速培植蚕桑人才而设，办理较易。

1920年《来复》周刊登载的山西省省长发给各县发展女子蚕桑传习所的训令

民国建立以后，民主共和、男女平等等观念深入人心，女子在法律上取得了与男子的平等地位，加之孙中山的大力支持以及进步知识女性的努力等众多因素的推动，民初的女子职业教育得到了很大的发展，无论在广度和深度上，还是在实效上都远远超过辛亥革命前的状况。

1913年8月公布的《实业学校令》规定："女子职业学校得就地方情形与其性质所宜，参照各项实业学校规程办理。"这是政府正式承认女子职业教育的开始。沁河流域的蚕桑职业教育从这时起进入了一个快速发展的阶段。1914年，晋城县参府衙门成立了乙种实业学校，设纺织、蚕桑各一班，这是晋城地区首次创办蚕桑职业学校。1915年，山西省在省府太原设立农桑总局，后来又专门建立"女子蚕桑传习所"，为各县培养蚕桑技术人员。1917年阎锡山主政山西后设立"六政考核处"，逐步开始推行"六政三事"，"养蚕桑"就是"三利"之一。在这一背景下，全省的蚕桑事业得到了很大的发展。类似"女子蚕桑传习所"、"林业传习所"等职业教育机构陆续在各地建立起来。沁河流域的高平、阳城、晋城有着深厚的蚕桑养殖基础，是全省第一批为省农桑总局下设的女子蚕桑传习所推荐学员的区域之一。

在省农桑总局之下，很多县都设有蚕桑分局，并在分局下设女子蚕桑传习所，形成一种上下对应、科层式的业务关系，但各地具体开办女子蚕桑传习所的时间却有所差异，如高平县于1919年在县衙内办起女子蚕桑传习所，还在县城西北置桑园400亩，用于实习；阳城县则在1920年创办女子蚕桑传习所。截至1920年，山西共有46个县设立了55个女子蚕桑传习所，招收学生60个班2142人，辍学生152人，毕业学生1630人。

山西省女子蚕桑传习所设于太原市上马街路南农桑总局内，换句话说，蚕桑传习所是农桑总局的附属机构，其管理机构、经费来源等完全由农桑总局代办。

学员的来源大致可以分为三个层面：一是各县报送的正式学员，二是经过考试录取的学员，三是各县报送的超

二改良蚕桑　本县应行改良者为蚕桑一项查沁水向属吾晋产丝县份惟养蚕缫丝之户均墨守旧章不知改善比较他处丝茧相形见绌因销售不旺以致日渐减少已呈退化现象办法　亟应力图改良以保持固有之特产业试办丝织物工厂以资抵制而挽利权

沁水县县长张世杰

沁水县县长张世杰签署的改良蚕桑办法（1936）

过额定数字的学员。按照规定，除岢岚、阳高、天镇、广灵、灵丘、右玉、朔县、左云、平鲁、宁武、偏关、神池、五寨、保德、方山等15个县因气候寒冷，不甚适宜推广蚕桑之外，其余各县每年均有2—3个正式名额。因为每期培训学员很多，而蚕桑总局除了设置各种教室、实验室之外，空间就变得非常有限，学员的食宿问题只能由自己解决。不过，这些学员中，各县报送的正式学员和通过招考录取的学员，其食宿费用早已有了着落。蚕桑总局会为他们提供每月五元的"膳宿费"，不过，天下没有免费的午餐，他们毕业后还背负着担任蚕桑传习所教员或者技士的义务。由县里报送的学员中，有的食宿费也是由各县筹措的，同样的道理，他们毕业后也要相应地承担该县女子蚕桑传习所教员的义务。

传习所分为速成科和高等科两种培养模式。速成科9个月毕业，高等科1年半毕业。各科学员除在年龄上要求一致外（15岁以上，30岁以下），其他诸多方面都有各自的标准。例如，在入学资格方面，速成科学生只要"粗通文字，品行端正，家无系累，体质强健"便可，高等科学员则需是"普通女校或本所速成科毕业及其他有相当之程度"者。当然，都必须通过入学考试。

二者最大的不同体现在知识体系和学习时间上，我们从两份课程表就可以看出其中的端倪，见表5、表6。

表5：女子蚕桑传习所高等科课程表

课别 年级	第一学年		第二学年	
	学科	授课时数	学科	授课时数
通习课	国文	100	国文	90
	算学	90	算学	80
	博物	40	博物	30
	理化	40	理化	40
	土壤大意	44	肥料大意	64
特习课	桑树栽培学	120	桑树栽培学	100
	养蚕学	130	养蚕学	130
	制丝学	100	制丝学	100
	蚕体生理学	80	蚕体生理学	80
	蚕体病理学	80	蚕体病理学	80

续表5

课别 年级	第一学年		第二学年	
	学科	授课时数	学科	授课时数
	蚕体解剖学	40	蚕体解剖学	30
	蚕种学	50	蚕种学	40
	蚕业经济学	52	蚕业经济学	42
实习课	养蚕实习	200	养蚕实习	200
	制丝实习	90	制丝实习	100
	制种实习	12	制种实习	20
	蚕体解剖实习	10	蚕体解剖实习	10
	蚕种检查实习	8	蚕种检查实习	10
	生丝检查实习	8	生丝检查实习	10
	杀蛹实习	6	杀蛹实习	80
	制绵实习	14	制绵实习	20
	络丝实习	44	络丝实习	60
	纺织实习	86	纺织实习	100
	制线实习	30	制线实习	30

表6：女子蚕桑传习所速成科课程表

课别学科及授课时数	学科	授课时数
通习课	国文	130
	算学	130
	理科	60
特习课	桑树栽培学	120
	养蚕学	150
	制丝学	120
	蚕体生理学	70
	蚕体病理学	70
	蚕种学	62
实习课	培桑实习	52
	养蚕实习	200
	制丝实习	100
	制种实习	56
	制绵实习	84

　　从以上两个表格可以看出，高等科和速成科的课程模块都是由通习课（即今天的通识课）、特习课（即今天的专业理论课）、实习课组成，但学习内容和学时差别较大。高等科的通习课包括国文、算学、博物、理化、土壤大意、肥料大意共两学年6门618课时，而速成科仅有国文、算学、理科3门320课时，课时量仅为前者的二分之一强，不过，"理科"一门可能涵盖高等科课程中的算学、博物、理化、土壤、肥料等基本内容。

特习课方面，二者内容差异相对较小，高等科仅多出蚕种学、蚕业经济学二门；高等科的总课时量比速成科多662个，较为悬殊。实习课的整体差别是比较大的，高等科共设11门实习课，总课时量达到1148个课时；速成科仅有6门492个课时。

因为二者本身就不是在一个培养目标下进行的课程安排，所以，这样的比较仅是从内容和数字上让我们更为清晰地认识其客观差异所在。如果从其各自的培养体系出发，我们就可以看出这种差异的合理性。

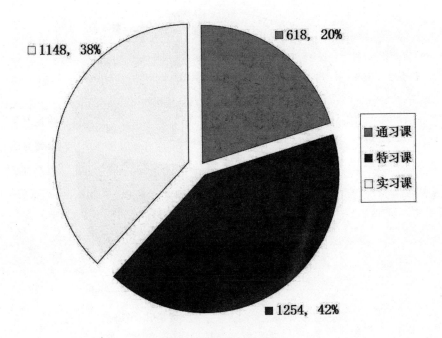

高等科课程模块比例分布

高等科课程分为通习课、特习课、实习课三个模块，从现代教学理论看，就是分为通识课和专业课两部分，前者属于最基础的文化、理论知识，不仅有助于提升个人的知识水平和整体素养，而且对专业课的学习也有帮助，所以不可或缺，但毕竟不是主体，其课时量占整个学习内容的20%是较为合理的。其余80%的课时量由专业理论课和实习课构成，几乎各占一半。这里尤其要强调一下实习课，一年半的学习时限内安排了1148个实习课时，占到总课时量的38%，这充分体现了女子蚕桑传习所重实践、重实效，培养实用的技术人才的特殊性。正如其简章中所说："本所注意实用，对于实习一门，取缔特严。凡实习无分者，扣毕业总平均分数十分。"速成科的课程模块比例分布与高等科相类似，同样突出了实践课程的重要性。因其整体课时有限，学员层次相对较低，所以在课程讲授方面要求"力求浅近"。

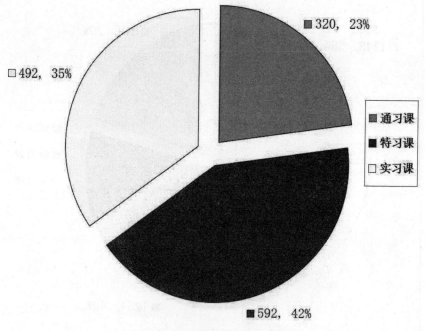

320, 23%

492, 35%

592, 42%

■ 通习课
■ 特习课
□ 实习课

速成科课程模块比例分布图

女子蚕桑传习所的培养特色还体现在具体课程的设置方面。高等科的专业课设置几乎涵盖了蚕学专业的所有课程，从基本的桑树栽培学到养蚕学、制丝学，再到病理学、解剖学、经济学等，涉及面是比较广的，尤其是蚕业经济学的设置可以让学员了解当时的蚕业市场体系，为学员将来从事蚕业生产奠定基础。但在课时分布上又以桑树栽培学、养蚕学、制丝学所占分量最重，可见对基础和实用的重视。在实习课方面也体现了同样的用意，养蚕实习、制丝实习和纺织实习所占比例最高。这说明，女子蚕桑传习所已经形成了以"栽桑—养蚕—制丝"为主体内容的课程体系，做到了与蚕农植桑养蚕实践过程的"无缝对接"。

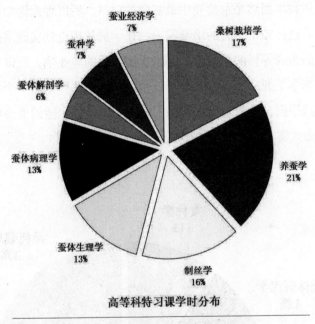

高等科特习课学时分布

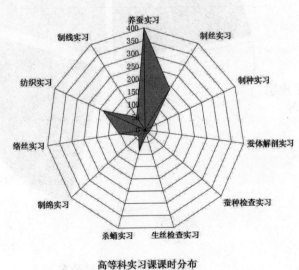

高等科实习课课时分布

速成科学习时间仅有九个月，所以在课程的设置上更有讲究。其依然围绕"栽桑—养蚕—制丝"的主体展开，辅之以蚕体生理学、蚕体病理学、蚕种学及相关实践课程，同样形成一个核心的课程体系。值得注意的是，在速成科的实习课程当中，有一门是高等科中不曾有的，那就是培桑实习。桑树栽培当然是蚕桑业中最基础的项目，所以理论课中设置有桑树栽培学，并进行52个学时的培桑实习，让学员从理论到实践掌握桑树的栽培技术。因为高等科的学员很多都来自速成科的毕业生，所以对桑树栽培的技术已基本掌握，而不再另外开设相应的实践课程。另一个可能的原因是，在实践层面，桑数栽培主要是由男性来完成的，他们或许可以通过其他途径和方式实现这一技术的培训。

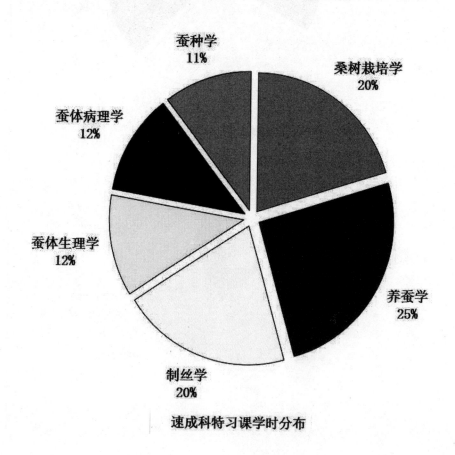

速成科特习课学时分布

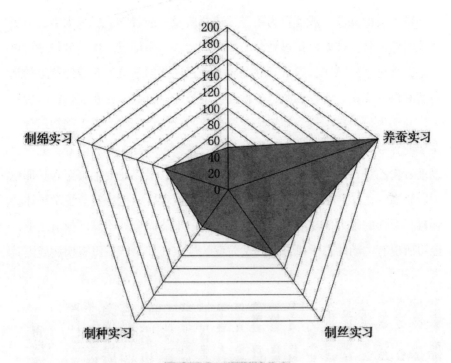

速成科实习课课时分布

除了课程设置上的合理性，女子蚕桑传习所对学员的管理也是极为严格的。如在上课纪律上就有如下规定：

> 如学生遇有不得已事故，不能上课者，须预行开具事由，向学监处请假。
>
> 凡学生在半年内旷课过六十小时者，扣毕业总平均分数三分。在三个月内旷课过二十小时者，扣毕业总平均分数一分。在两星期内无故连行旷课过三十小时者，即开除名额，并追缴领过膳宿费及讲义等费。
>
> ——《女子蚕桑传习所简章》

对于触犯传习所纪律的学员，视情节轻重还会给予记过、记大过，乃至开除的处分，《女子蚕桑传习所简章》中就有这样的规定：如果学生无正当理由屡次缺课，或者行为不谨，违背所规，或者学业成绩太劣，不堪造就等情形就会被处以记过处分。照此规定，如果记过二次，就作一大过论记；大过达到三次，即行开除名额，而且还要向学员追缴曾经领过的膳宿费和讲义等费。不仅如此，各种处分也与毕业分数紧密相连。传习所规定，凡学生记一次小过，即扣毕业总分数一分；记一次大过，则扣三分。而毕业分数直接关系到毕业证书的等级。满六十分以上者为丙等，七十分以上者为乙等，八十分以上者为甲等。毕业分数最终还要上报至省长那里予以核准。这样严格的管理制度和政府的重视程度，也一定会让学员体会到自身责任的重大而尽力求学。当然，学习不能完全处于高压强迫之下，传习所也有主动的退学机制，其《简章》规定：如果学员患有疾病或因其

省長訓令　農字第九十號

查前經農字六六號訓令各縣遵照本年蠶桑進行計畫趕設女子蠶桑傳習所其女教員一席即由農桑績局附設女子蠶桑傳習所畢業生中聘用俾資教授在案茲該女子蠶桑傳習所第五期甲乙兩級學生業經畢業合將該生等姓名籍貫按照畢業等次附單開列仰該知事卽便查照自行聘請可也此令

計估單一紙

茲將第五期甲乙兩級畢業學生姓名籍貫開列於左。

甲級學生二十四名
温士奇　太谷　薛瑛　源垣　王慧媛　趙蘭英　壽陽
趙秀荷　汾城　馬寶貞　祁縣　劉淑貞　沁縣　郭秋菊　聞喜
王劍塵　清源　許靜媺　翼城　刺自珍　臨晉　侯蔚秀　浮山
閻喜　王統俊　安邑　石玉如　懷仁　張秀桐　太原
張巧林　照縣　張寧遠　中陽　丁秀春　嵐縣

乙級學生二十五名
賀芳貞　陽城　石秀卿　榆次
常玉田　交城　嶽玉梅　神池　武香梅　李義　趙秀華　苪城
程翠娥　霍縣　文淑英　不定　史朵嶺　沁源　李淑行　不逢
焦玉英　忻縣　任錫春　高鳳麟　雍陵　邢彩雲　陽曲　李瑞香　洪洞
卜温惠　婷縣　汾陽　王淑文　河津　閻賀清　羅石　李木蘭　大同
賀蓮芳　壽縣　郝玉珍　夏縣　陳汝英　不定　袭雲敏　長治　尤巧先　臨汾
楊誕仙　曲沃　田淑貞　楊蔭蘭　河津　狄宜華　強玉貞　靜樂
董玉蘭　黎河　史坤寧　沁源　劉淑貞　平陸　程繼蘭　平定　張培蘭　安澤

（高平　翼城　垣曲　長治　忻縣　沁水　陽曲　沁源　安澤　趙城　襄陵　夏縣　汾陽　陵川　沁水　晉城　陽城　陶晉）

1919年《来复》周刊登载的山西省省长关于传习所学生毕业去向的训令

他特别事故退学时，可以填写退学证书，但必须邀请其入学时的保证人到场说明理由，这就从制度层面保证了其退学理由的客观性，最后经传习所批准就可以办理退学。如果没有正当理由，执意要退学的学员，传习所规定学员必须缴出曾经领过的膳宿费和讲义费等费用，这也在一定程度上提高了退学的成本。

另外，女子蚕桑传习所在教员聘任和教学设施方面也做了较为完整的配备。在管理人员方面，传习所设女学监一人，负责教学安排、考试安排、学生考勤等事宜；通习课和特习课聘请教员五人担任教授；实习课设女实习教员一人，专任一切实习之教授，并添设实习助教二员，以辅助实习教员率领学生进行实习。在教学设施方面，传习所除建有室内的养蚕室、缫丝室、络丝室、纺织室等实习场所外，还在室外建有苗圃桑园为学生提供实习基地。

女子蚕桑传习所学生的"就业"去向也是备受重视的。毕业之时，省政府还会向各县发文，要求其遵照当年蚕桑发展计划开办女子蚕桑传习所，而女教员的职位就从农桑总局附设的女子蚕桑传习所的毕业生中聘请。公文中还会附录毕业生名单及其生源所在地，要求各县知事按照名单自行聘请。

由于沁河流域是山西蚕桑业的重点区域，所以在蚕桑人才培养上也走在全省的前列，不仅在女子蚕桑传习所开办之初就推选学员赴并学习，而且较早地开办了县级女子蚕桑传习所。山西省农桑总局女子蚕桑传习所毕业的学员很多都回到地方，成为县级女子蚕桑传习所的教员或者直接投入生产一线，在科学的蚕桑技术和蚕桑产业推广方面发挥了重要作用。

不难看出，女子蚕桑传习所虽属于职业教育，但并未因其职业属性而受到各方的漠视，相反，在清末民初的社会大变革时代，女子职业教育作为一个新生事物顺应了实业救国的需求和女性解放的呼声，所以得到了空前的发展。当然，最根本的原因还在于：女子职业教育在传统的蚕桑养殖家庭传承模式基础上增添了一种新的技术传承模式，这种模式当然不可能在短时间内完全取代传统模式，因为二者在植桑养蚕的科学性上本身存在很多交叉之处，否则中国传统的蚕桑业不可能持续数千年的历史。但在技术的革新方面，如桑树品种的引进与栽培、蚕种的培育和引进、新式制造工具的改进等，传统家庭式的蚕桑传承模式确实显得过于稳定和固化，在"赛先生"引领的新的教育模式下，蚕桑技术的革新当然就可以阔步前行，而这无疑会给蚕桑业的发展带来契机。

3. 专业之路

新中国成立后，蚕桑教育取得了进一步发展，形成了初级、中等、高等教育相配合的蚕桑人才培养体系。初级教育主要是由县一级主办。如晋城县龙化耕读农业中学于1963年设立蚕桑班，在1964年、1967年和1970年分三届招收学生114人，每届38人，学制3年。学生来源均为初中毕业生。1971年3月，阳城县成立"五七大学"，招收两届50名蚕桑专业学生。1980年，该校迁往水村北漳，改称为阳城县农业中学，当年招收机电、蚕桑等专业班。1984年又改名为阳城县职业技术学校，继续招收蚕桑专业学生。阳城县蚕桑服务中心的梁雄顺、赵秀峰、张小忠等均毕业于该校。1975年，阳城县还在芹池中学附设农业职业中学，招收一个蚕桑班，每班40人左右，每届培训2年，连续招生3届，毕业的学生一部分分配到各个公社或业务部门从事蚕桑工作。沁水县的蚕桑学校成立于1980年3月，其班底是由原杏林"五七干校"的人员组成，共招收学生两批：第一批学员50人于1980年4月入学，1982年4月毕业，第二批学员52人于1982年7月入学，1984年5月毕业。像沁河流域的晋城、阳城、沁水一带如此重视初级蚕桑人才的培养，建立专门职业学校的例子，在山西其他地区是不多见的。

不仅如此，沁河流域在中等蚕桑教育方面也处于全省的前列。1958年，原晋城县第二中学整体转制成立山西省晋城中等农业学校，同年太谷农校的蚕桑专业迁移至该校，开始培养蚕桑业的专门人才。1958年、1959年两批共招收4个蚕桑班，学制5年。1960年，蚕一、蚕二班到夏县山西省原蚕育种场进行教学实习55天。7月，因为国家经济困难，决定休学一年。1962年，山西省晋城中等农业学校停办撤销。休学期间，对26名年龄较大的学生专门办了一个蚕桑培训班。1961年，该班学生培训结业后，全部分配了工作。山西省蚕桑研究所的陈万林、司海祥，泽州县农业局的张弘、冯堆锁、王小红，阳城县蚕桑服务中心的元锁胜等均毕业于该校。原创于1958年的沁水人民大学（后改称为沁水蚕校）是沁水县的蚕桑专业人才的培养基地，设有蚕桑专业两个班，每班50个学员，于1961年7月毕业。曾任长治市蚕桑试验场农艺师的山西沁水人于乐池就毕业于该校。山西晋城中级农业职业学校成立于1964年，校址在今泽州县教育局。1964年招生104人，设果树、蚕桑两个班。1965年又招生80人，学制3年，由于受"文化大革命"影响，两届学生均于1968年毕业。1965年，山西省农业厅、教育厅、财政厅联合下文，成立山西农业劳动大学，总校党委书记由山西省委常委、副省长刘开基兼任，校长由副省长王中青兼任。全省共设8个分校，其中3个蚕桑分校，位于沁水端氏镇的晋东南蚕桑分校就是其中的一个。该校于1965年9月共招生50名，分别是沁水县16名、高平县10名、阳城县9名、晋城县10名、陵川县5名，学生于1965年11月入学，1968年12月毕业。1971年，该校移交给沁水县端氏果树场。阳城县的燕成梁，泽州县的王春太、吴光忠、刘小壮，陵川县的孙成巧等后来从事蚕桑业的专门人才都是该校的毕业生。

改革开放以来，在初级、中等蚕桑教育的基础上，沁河流域的高等蚕桑人才发展取得了新的突破。1982年，为适应山西省蚕桑产业发展的需要，山西农业大学和苏州蚕桑专科学校达成委托培养协议，充分利用苏州蚕桑学校的优势资源，为山西代培蚕桑专业技术人才100名。沁河流域的阳城、沁水等县有不少蚕桑人才通过这项合作提升了专业技能。该项协议从1982年开始到1991年结束，学制为3年，由苏州蚕桑专科学校颁发专科文凭。所学专业分为蚕桑专业和家蚕育种两个专业，共招收7届学生。1982年、1983年，每年招收学生30名；1984年到1988年，每届招收学生8名。1982年和1983年每届学生中，招收蚕桑专业25名，家蚕育种专业5名；此后每届招收蚕桑专业6名，家蚕育种专业2名。100名学生中，蚕桑专业共计80名，家蚕育种专业共计20名。此外，从20世纪70年代中期开始，农牧渔业部针对全国蚕桑业发展较落后地区人才短缺的状况，决定举办蚕桑技术人员培训班。培训对象主要是在职蚕桑技术人员，学习方式是脱产培训1年。从1978年3月到1979年1月，西南农业大学共为山西省培训技术人员8名，其中就有担任阳城县蚕桑服务中心副主任的高级农艺师刘坤太等人。苏州蚕桑专科学校、安徽农学院等机构也为山西省培养了数十名蚕桑高等人才。

总而言之，蚕桑教育经历了古代、近代和新中国三个重要的发展阶段，从总的趋势来看，是从家庭教育走向社会教育，从经验型的蚕桑产业走向专业型、科学化的蚕桑产业，这也是蚕桑产业现代化的必由之路。

附　录

表1：沁河流域现存蚕姑信仰碑刻一览表

序号	碑名	时间		所在地		所在庙宇
		年号	公历	县	村镇	
1	重修仙姑土地神像记	明万历二十三年	1595	高平市	东城办事处秦庄村	玉皇庙
2	新建帝祠西北蚕姑子孙殿碑记	清康熙六年	1667		陈区镇西坡村	玉皇庙
3	新塑蚕姑子孙殿神像续记	清康熙九年	1670		陈区镇西坡村	玉皇庙
4	重修炎帝庙并各祠殿碑记	清康熙九年	1670		神农镇中庙村	古中庙
5	重修龙王殿高禖祠香亭鱼池补葺白衣蚕姑山神等殿舞楼碑记	清乾隆三十二年	1767		河西镇宰李村	五龙庙
6	李庄村合社公议五处神庙四至碑记	清乾隆四十九年	1784		野川镇李庄村	观音堂
7	炎帝庙改修大殿碑记	清道光十六年	1836		南城办事处桥北村	炎帝庙
8	补葺妆修捐输花费碑记	清咸丰九年	1859		南城办事处上韩庄村	玉皇庙
9	重修补修庙宇序	清同治九年	1870		北城办事处石门村	
10	补修五龙庙并创修西禅房一院碑记	清光绪三十一年	1905		野川镇圪台村	五龙庙
11	玉皇庙补修碑记	民国十二年	1923		寺庄镇柏枝庄村	玉皇庙
12	永禁凤凰山穿窑虷蚼岭碑记	清道光二十五年	1845	陵川县	西河底镇积善村	遇真观
13	重修崇福寺碑记	清光绪十六年	1890		附城镇后山村	崇福寺
14	井沟村重修碑记	清光绪三十年	1904		西河底镇井沟村	三教堂
15	南沟社祭诸神条规碑	清道光十二年	1832	沁水县	龙港镇南瑶村	大庙
16	修天棚煖阁记	清光绪十四年	1888		龙港镇瑶沟村	大庙

续表1

序号	碑名	时间		所在地		所在庙宇
		年号	公历	县	村镇	
17	植歇山圪碌松山碑记	清宣统年间	1909—1911	沁水县	龙港镇南坡村	大庙
18	重修两角殿金妆神像碑记	清雍正十三年	1735	阳城县	北留镇坨村	贤德庙
19	官上创修两廊门楼并北堂蚕姑庙碑记	清康熙二十七年	1762		润城镇屯城村	蚕姑庙
20	增祀风雨山川并创修山楼记	清道光二十三年	1843		白桑乡通义村	大庙
21	修暖阁碑记	清同治元年	1862		凤城镇梁沟村	
22	补修碑记	民国二十六年	1937		三窑乡蛤蟆岭村	
23	重修玄帝庙记	明万历二十八年	1600	泽州县	高都镇麻峪村	
24	创建金阙宫社庙碑文记	清乾隆十三年	1748		大东沟镇峪南村	玉皇庙
25	玉皇庙重修记	清嘉庆十九年	1814		金村镇府城村	玉皇庙
26	重建梁甫山东岳庙碑记		2001		金村镇神南村	东岳庙

表2：沁河流域现存禁桑羊碑刻一览表

序号	碑刻名称	时间		所在地		所在庙宇
		年号	公历	县	村镇	
1	禁约碑	清乾隆四十年	1775	高平市	北诗镇南村	二仙宫
2	合社公议碑记	清乾隆四十三年	1778		野川镇北杨村	三清庵
3	侯庄和社碑文	清乾隆四十四年	1779		石末乡侯庄村	丰乐馆
4	合社公议禁约记	清乾隆五十一年	1786		寺庄镇冯家庄村	
5	高平县正堂禁示碑	清乾隆五十三年	1788		永录乡东庄村	仓颉庙
6	高平县正堂永禁事碑	清嘉庆九年	1804		神农镇团东村	清化寺
7	券门庄禁赌秋羊碑	清嘉庆十四年	1809		永录乡券门村	观音阁
8	奉示永禁各条碑记	清嘉庆十六年	1811		神农镇故关村	炎帝行宫

续表2

序号	碑刻名称	时间		所在地		所在庙宇
		年号	公历	县	村镇	
9	合社公议永禁夏秋桑羊碑记	清嘉庆十六年	1811		神农镇故关村	炎帝行宫
10	重整社规碑	清嘉庆二十一年	1816		北诗镇拥万村	玉皇庙
11	高平县正堂禁事碑	清嘉庆二十三年	1818		南城办事处	汤帝庙
12	高平县正堂禁赌告示碑	清嘉庆二十五年	1820		河西镇乔村	祖师庙
13	乡约碑记	清嘉庆二十五年	1820		神农镇东郝庄村	
14	李联蒙严禁牧羊蹭践桑枝告示碑	清道光三年	1823		石末乡东靳寨村	玉皇庙
15	高平县正堂永禁事碑	清道光六年	1826		南城办事处上韩庄村	玉皇庙
16	永禁秋桑羊碑	清道光九年	1829		三甲镇响水坡村	祖师庙
17	白华山禁约记	清道光十年	1830		北诗镇秦庄岭村	玉皇庙
18	奉官永禁碑	清道光十三年	1833	高平市	马村镇东周村	仙师庙
19	义庄村永禁桑羊碑记	清道光十四年	1834		河西镇义庄村	关帝庙
20	重整五峰山条规永禁碑	清道光二十年	1840		野川镇模凹村	
21	永禁桑羊碑	清道光二十四年	1844		河西镇常乐村	玉皇庙
22	游大琛严禁纵羊残桑事告示碑	清道光二十七年	1847		北诗镇北诗午村	玉皇庙
23	遵官永禁桑羊碑	清道光二十九年	1849		河西镇岭坡村	观音阁
24	口则村永禁事碑	清咸丰三年	1853		神农镇口则村	观音庙
25	西坡村种桑养蚕碑记	清咸丰七年	1857		陈区镇西坡村	玉皇庙
26	六庄七社公议条规碑记	清咸丰十年	1860		北诗镇中坪村	二仙宫
27	兴龙山八大社公立禁约碑	清同治五年	1866		石末乡晁山村	白龙王庙
28	东大社永远禁止碑	清	不详		寺庄镇李家河村	
29	禁桑碑记	清乾隆三十七年	1772	陵川县	礼义镇大义井村	玉皇观

续表2

序号	碑刻名称	时间		所在地		所在庙宇
		年号	公历	县	村镇	
30	永禁碑	清乾隆五十年	1785	陵川县	附城镇庄里村	玉皇庙
31	东尧村禁约碑	清乾隆五十六年	1791		杨村镇东尧村	玉皇观
32	河头村禁约碑	清嘉庆八年	1803		崇文镇河头村	关帝庙
33	阖社公议永禁条规碑	清嘉庆十八年	1813		西河底镇积善村	遇真观
34	大郊村禁约碑	清道光元年	1821		马圪当乡大郊村	三教堂
35	椅掌村禁约碑	清道光二十二年	1842		礼义镇椅掌村	玉皇庙
36	岭北底社禁羊碑	清道光二十四年	1844		杨村镇岭北底村	三教堂
37	十里河西里阖社公立规条碑记	清同治六年	1867	沁水县	十里乡西峪村	
38	兴峪村条规碑	清同治九年	1870		中村镇松峪村	
39	渠头西北社永远禁秋禁羊记	清乾隆二十三年	1758	泽州县	巴公镇渠头村	三官庙
40	公议乡风十二劝	清嘉庆三年	1798		巴公镇渠头村	关帝庙
41	永禁桑柿柴碑记	清嘉庆十四年	1809		大阳镇河底村	汤帝庙
42	本社公议永禁桑羊碑记	清嘉庆十六年	1811		巴公镇双王庄	
43	南峪大社禁册桑羊树木碑记存	清光绪二年	1876		大阳镇南峪村	大庙

主要参考文献

一、古籍

［晋］干宝.搜神记，汪绍楹校注.北京：中华书局，1979.

［清］杨屾.豳风广义.郑辟疆，郑宗元校勘.北京：农业出版社，1962.

［清］卫杰.蚕桑萃编.光绪二十年刻本.

［清］朱樟修，田嘉穀纂.泽州府志.雍正十三年刻本.

［清］林荔修，姚学甲纂.凤台县志.乾隆四十九年刻本.

［清］张贻琯修，郭维垣等纂.凤台县志.光绪八年刻本.

［清］傅德宜修，戴纯纂.高平县志.乾隆三十九年刻本.

［清］龙汝霖纂修.高平县志.同治六年刻本.

［清］陈学富、庆钟修，李廷一纂.续高平县志.光绪六年刻本.

［清］赖昌期修，谭沄、卢廷菜纂.阳城县志.同治十三年刻本.

［清］程德炯纂修.陵川县志.乾隆四十四年刻本.

［清］李桢、马鉴修，杨笃纂.长治县志.光绪二十年刻本.

田同旭，马艳主编.沁水县志三种.太原：山西人民出版社，2009.

山西省地方志编纂委员会编.山西旧志二种.北京：中华书局，2006.

山西省地方志办公室编.民国山西实业志.太原：山西人民出版社，2012.

二、碑刻集

高平金石志编纂委员会编. 高平金石志. 北京：中华书局，2004.
常书铭主编. 三晋石刻大全·晋城市高平市卷. 太原：三晋出版社，2010.
李永红，杨晓波主编. 三晋石刻大全·晋城市城区卷. 太原：三晋出版社，2012.
卫伟林主编. 三晋石刻大全·晋城市阳城县卷. 太原：三晋出版社，2012.
车国梁主编. 三晋石刻大全·晋城市沁水县卷. 太原：三晋出版社，2012.
王丽主编. 三晋石刻大全·晋城市泽州县卷. 太原：三晋出版社，2012.
王立新主编. 三晋石刻大全·晋城市陵川县卷. 太原：三晋出版社，2013.

三、民国刊物

来复. 1918—1924.
山西公报. 1924.
中外经济周刊. 1924—1925.
山西建设. 1936.
山西省政府行政报告. 1936.
山西省政公报. 1937.

四、今人著作

周匡明. 蚕业史话. 上海：上海科学技术出版社，1983.
江地. 江地回忆录. 中共沁水党史资料征集组编印，1987.
赵杏根. 历代风俗诗选. 长沙：岳麓书社，1990.
朱新予. 中国丝绸史. 北京：中国纺织出版社，1997.
孟宪文，班中考. 中国纺织文化概论. 北京：中国纺织出版社，2000.

赵丰.中国丝绸通史.苏州：苏州大学出版社，2005.

林锡旦.太湖蚕俗.苏州：苏州大学出版社，2006.

赵丰，金琳.纺织考古.北京：文物出版社，2007.

乔欣.历史名人与泽州.太原：山西人民出版社，2009.

闫和健，武怀庆.山西蚕业志.太原：山西经济出版社，2010.

晋城市委宣传部.北方蚕乡——晋城丝绸.北京：中华书局，2011.

刘克祥.蚕桑丝绸史话.北京：社会科学文献出版社，2011.

元锁胜.阳城蚕文化.北京：作家出版社，2012.

崔满善，王学琦.晋城蚕桑产业发展研究.太原：山西经济出版社，2014.

五、论文

李龙等.民国时期中国蚕业的教育科研情况.丝绸，2006（2）.

刘坤太."桑林"考证与阳城蚕桑.北方蚕业，2008（3）.

沈琨，田秋千.潞绸史话.山西档案，2008（6）.

薛荣.明代潞绸业兴盛的表现及其原因探析.山西师范大学学报（社会科学版），2009（4）.

芦苇，杨小明.明清泽潞地区的丝织技术与社会.科学技术哲学研究，2011（3）.

徐岩红.宋代壁画中的纺车与织机图像研究——以山西高平开化寺北宋壁画认定为例.山西大学学报（哲学社会科学版），2012（6）.

六、内部资料

山西省阳城县农业局.阳城县农业志.1987.

曹明魁主编，赵小善副主编.怀念蚕桑书记孙文龙.1991.

山西省《太行蚕业》编委会.蚕桑文化选集.1997.

后 记

　　我的家乡山西长治，古时称为潞州、潞安，她的南部即与古泽州的高平、陵川接壤，不过前者属于漳河流域，后者归入沁河流域，分属海河、黄河两大不同水系。但二者又同处太行、太岳两大山系之间，历史时期在政治、经济、文化等方面都有着很强的一致性，习惯上人们常常将其统称为"上党地区"或"晋东南地区"。正如明清时代的潞绸，虽以长治所在"潞州"为名，但其产地却又不限于潞州，在相毗邻的泽州地区还有一个更大的潞绸基地。历史时期，这里的山间田地分布着不少桑林，勤劳的人们采桑、养蚕、缫丝、织绸；生产之余，拜蚕神、看蚕戏、祈平安、求丰收，形成了独具特色的蚕乡风俗。工业化进程以来，这里紧跟时代步伐，让传统潞绸再次焕发生机，走向全国，迈向世界。可以说，蚕桑丝织业不仅造福了沁河百姓，也已然成为古老的泽州大地的一张文化名片，由往而来，光耀华夏。

　　作为一个跟潞绸或多或少能沾点关系的人，将"沁河蚕事"作为这本小书的题目，就一定是"故乡情结"在作祟了。遗憾的是，先前对于潞绸的理解，关于蚕事的认知，是极为零星和琐碎的，甚至可以说，更多的是空白与无知。因此，也很难想象可以完成这个艰巨的任务，并且就要付梓了。

　　我的祖师爷史念海先生曾有一句名言——"学问先逼而后成"。这句话用在拖延性较强而自律性较差的我身上是再合适不过，所以，一路走来到现在，要感谢生命中那些催赶我的人。我的导师行龙先生是这次"沁河风韵"系列丛书的总召集人，他做事认真，一丝不苟，组织集体田野调查，召开专题讲座，主持项目推进会，每一次活动都是督促，加之不时地询问书稿进展，更让我不敢怠慢。因此，这本小书的完结，是要首先感谢行师的。教研室主任乔新华教授将自己的《三晋石刻大全》《高平金石志》等一批参考文献放在工作台无私分享，大大方便了对原始资料的查阅；郝平、张俊峰、李嘎、卫才华等师友也为本书提供了很多资料和线索，在此一并表示感谢！

在晋城、阳城、高平、沁水等地考察期间，老同学安建峰、燕飞、张会芳、王文芳提供了很多帮助，安建峰和老段还陪同赴沁水考察，王文芳夫妇则在高平尽地主之谊，一起考察庙宇碑刻。真可谓他乡遇故知，陌景亦生情。

蚕桑丝织业有着相当的技术含量，对其中的某一环节不清楚，就可能影响对文献的理解和对文化的认知。幸运的是，在田野调查中，受访者对我的浅陋予以极大的包容，耐心、详细地回答我的提问，临走之时还以礼物相送，真是感激之至。其中，沁水县古堆村的养蚕户田阿姨介绍了养蚕的整个过程，还带我们到桑园一观，临走时还将攒下的蚕沙予我作为纪念；阳城县孤堆底村的老支书孙目林已年过七旬，带我参观孙文龙纪念馆、阳城蚕俗文化展览，讲解他的叔父孙文龙的故事，还提供了免费午餐，并赠送资料；阳城县蚕桑服务中心的高级农艺师元锁胜是当地蚕文化的研究者，出版了多种蚕桑文化论著，他认真地为我讲述蚕桑文化，并把大作《阳城蚕文化》和《蚕桑研究》相赠，对本书的写作帮助甚大，尤其是他对蚕文化和蚕桑事业的执着态度，着实令人感佩；晋城市蚕桑研究所的高级农艺师崔满善是晋城蚕桑业的著名专家，他放弃周末休息时间接受访谈，为这本小书的撰写提出了不少建议。这真是：无亲无故，伸手相助。若问何以，蚕姑桑树。

2014年7月，"沁河风韵"团队集体赴晋城考察，因当时女儿快要出生而未能成行。如今，她已咿呀学语、欢蹦乱跳。每每下班走在回家的路上，脑海里都是女儿喊"爸爸"的声音，想想就让人幸福满满，疲惫顿消。育儿如写作，幸福的背后是妻子、父母的艰辛付出。妻子从十月怀胎到夜半喂奶，再到科研教学、班车往来，担当了很多角色，咽下了不少苦水。父母二老也从老家北上来并，操持家务、照顾儿孙，面对城乡之间的种种差异，在花甲之年重新适应。可以说，没有他们的默默辛劳和殷殷助力，这本小书是绝难完成的。所以，这里要郑重地向妻子父母道声谢谢！

写作亦如育儿，总想穷尽各种资料，用最好的状态来面对它、爱惜它。当时至书成，它的成败还需社会各界来评论。作为一本蚕桑领域的习作，其中一定有很多错漏之处，恳请广大读者予以批评、指正！

2016年3月13日